AF514370

Julio Enrique Fuentes Muñoz

Einfluss der Brennergestaltung auf den WIG-Lichtbogen

TUD*press*

Dresdner Fügetechnische Berichte

Herausgeber: Prof. Dr.-Ing. habil. U. Füssel

Herausgeber: Prof. Dr.-Ing. habil. U. Füssel
Technische Universität Dresden
Professur Fügetechnik und Montage
01062 Dresden

Tel.: 0351 / 4633 4347
Fax: 0351 / 4633 7249

Julio Enrique Fuentes Muñoz

Einfluss der Brennergestaltung auf den WIG-Lichtbogen

TUD*press*

2011

Bibliografische Information der Deutschen Bibliothek
Die Deutsche Bibliothek verzeichnet diese Publikation in der Deutschen Nationalbibliografie; detaillierte bibliografische Daten sind im Internet unter <http://dnb.ddb.de> abrufbar.

Bibliographic information published by Die Deutsche Bibliothek
Die Deutsche Bibliothek lists this publication in the Deutsche Nationalbibliografie; detailed bibliographic data is available in the Internet at <http://dnb.ddb.de>

ISBN 978-3-942710-41-1

Zugl.: Dresden, Techn. Univ., Diss., 2010

Verlag der Wissenschaften GmbH
Bergstr. 70 | 01069 Dresden
Tel.: 0351/47 96 97 20 | Fax: 0351/47 96 08 19

Satz und Redaktion: Julio Enrique Fuentes Muñoz

Printed in EU.

Einfluss der Brennergestaltung auf den WIG-Lichtbogen

Der Fakultät Maschinenwesen
der
Technischen Universität Dresden

zur
Erlangung des akademischen Grades
Doktoringenieur (Dr.-Ing.)

vorgelegte Dissertation

Dipl.-Ing. Julio Enrique Fuentes Muñoz
geb. am 11.04.1981 in Talca, Chile

Tag der Einreichung: 28.05.2010

Tag der Verteidigung: 13.12.2010

Gutachter: Prof. Dr.-Ing. habil. U. Füssel

Prof. Dr.-Ing. U. Reisgen

Prof. Dr.-Ing. M. Beckmann

Vorsitzender der Promotionskommission

Vorwort

Die vorliegende Arbeit entstand in den Jahren 2005 bis 2010 während meiner Zeit als Doktorand an der Technischen Universität Dresden an der Fakultät Maschinenwesen am Lehrstuhl Fügetechnik und Montage.

Ich möchte mich vor allem bei meinem Doktorvater Prof. Dr.-Ing. habil U. Füssel bedanken, der mir die Promotion an seinem Lehrstuhl ermöglichte, mich durch wertvolle Anregungen und interessante Diskussionen fachlich unterstützte und sich bereit erklärte, das Referat für meine Dissertation zu übernehmen.

Mein besonderer Dank gilt auch Prof. Dr.-Ing. U. Reisgen, Leiter des Instituts für Schweißtechnik und Fügetechnik an der RWTH Aachen, für seine Bereitschaft zur Übernahme des Koreferates meiner Doktorarbeit.

Außerdem geht mein Dank an Prof. Dr.-Ing. S. Keitel und an Herrn C. Ahrens von der Gesellschaft für Schweißtechnik International mbH (GSI) für die Unterstützung bei der Beendigung dieser Arbeit.

Bei meinen Kollegen des Lehrstuhls für Fügetechnik und Montage, insbesondere bei Dr.-Ing. J. Zschetzsche, bedanke ich mich für die erfolgreiche Zusammenarbeit, die freundliche Arbeitsatmosphäre, die hilfreichen Ratschläge und das Korrekturlesen dieser Arbeit.

Mein persönlicher Dank gilt meiner Freundin Katina Schinnerling für ihr end- und bedingungsloses Engagement bei der Deutsch-Korrektur meiner Arbeit, ihre warmherzige Aufmunterung und ihr Verständnis.

Bei meiner Familie bedanke ich mich für die Aufmunterung und das Verständnis für meine lange Abwesenheit von zu Hause.

Inhaltsverzeichnis

Abkürzungen

AJD	anode jet-dominated (Anodenstrahl-dominiert)
CJD	cathode jet-dominated (Kathodenstrahl-dominiert)
ED	Einschaltdauer
LTG	lokales thermisches Gleichgewicht
MSG	Metall-Schutzgas
Pl	Plateaudurchmesser
UP	Unterpulver
WIG	Wolfram-Inertgas
WP	Wolfram-Plasma
WSG	Wolfram-Schutzgas-Schweißen

Formelzeichnen

A	Fläche	m^2
A_{FN}	Materialabhängige Parameter (Feldemission)	eV^{-1}
a_g	Statistisches Gewicht des Zustandes	
a_{ip}	Statistisches Gewicht des positiv geladenen Teilchens	
B	Magnetische Flussdichte	Tesla
C	dimensionslose Konstante	
$C_{1,2}$	Strahlungsaustauschkoeffizient	
$f(r)$	Dichteverteilung	
E_k	Feldstärke	$V \cdot m^{-1}$
F_L	Kraft des Lichtbogens auf das Schmelzbad	N
H	Magnetische Feldstärke	$A \cdot m^{-1}$
$\vec{H}$	Magnetische Feldstärke in radialer Richtung	
H(y)	Strom- und Wärmeverlaufskurve	
I	Stromstärke	A
$\vec{J}$	Stromdichte	$A \cdot m^{-2}$
J_F	Feldemission	$A \cdot m^{-2}$
J_i	Ionenstromdichte	$A \cdot m^{-2}$
J_p	Stromdichte der Plasmaelektronen im Fallraum	$A \cdot m^{-2}$
J_R	Thermische Emission	$A \cdot m^{-2}$
l_0	Länge des nicht abgelenkten Lichtbogens	m
l_r	Abstand zwischen den strahlenden Flächen	m
n	Anzahl der Ladungsträger	
P	Elektrische Leistung	W
p	Druck	$N \cdot m^{-2}$
p_{max}	Maximaldruck	$N \cdot m^{-2}$
$\dot{Q}_{1,2}$	Wärmestrahlung	W
$\dot{Q}_A$	Wärmeeintrag in die Anode	W
$\dot{Q}_{B-U}$	Wärmestrom von Brennerteilen in Umgebung	W
$\dot{Q}_E$	Wärmeeintrag in die Kathode	W
$\dot{Q}_{El}$	Wärmeeintrag durch elektrische Ladungen	W

$\dot{Q}_{E-U}$	Wärmestrom von Elektrode in Umgebung	W
$\dot{Q}_K$	Wärmeeintrag durch Wärmeleitung und Konvektion	W
$\dot{Q}_{Kond}$	Wärmeeintrag durch Wärmeleitung	W
$\dot{Q}_{Konv}$	Wärmeeintrag durch Konvektion	W
$\dot{Q}_{Lb-B}$	Wärmestrom von Lichtbogen und Werkstück in Brennerteile	W
$\dot{Q}_{St}$	Wärmeeintrag durch Strahlung	W
q	Ladung	A·s
R	Radius	m
R_w	Elektrischer Widerstand	ohm (Ω)
T	Absolute Temperatur	K
T_e	Elektronentemperatur	K
T_k	Kathodentemperatur	K
U_{se}	Spannungsabfall im Kathodenfallraum	V
$\dot{V}$	Volumenstrom (Gasmenge)	$l \cdot min^{-1}$
$v_{y,z}$	Geschwindigkeit	$m \cdot s^{-1}$
$\overrightarrow{v_k}$	Gasgeschwindigkeit	$m \cdot s^{-1}$
W_i	Ionisationsenergie	eV
X_i	Ionisationsgrad	
β	Winkel zwischen den Strahlungsrichtungen	rad
δ	Ablenkung des Lichtbogens	m
$\delta\phi_{St}$	Schottky Korrektur	eV
ε	Emissionsgrad	
η	Plasmawiderstand	
ρ_D	Dichte	$kg \cdot m^{-3}$
σ_s	Oberflächenspannung	$kg \cdot s^{-2}$
ϕ_a	Austrittsarbeit des Anodewerkstoffes	eV
ϕ_{eff}	Effektive Austrittsarbeit	eV
ϕ_K	Austrittsarbeit des Kathodenwerkstoffes	eV
φ	Einstrahlzahl	

Konstanten

A_R	Richardson-Konstante	$1{,}20173 \cdot 10^6\, A \cdot m^{-2} \cdot K^{-2}$
C_S	Strahlungskoeffizient des Schwarzen Strahlers	$5{,}670\, W \cdot m^{-2} \cdot K^{-4}$
e	Elementarladung	$1{,}602176487(40) \cdot 10^{-19}$C
h	Planck-Konstante	$4{,}13566733(10) \cdot 10^{-15}$eV·s
K_b	Boltzman-Konstante	$8{,}617343(15) \cdot 10^{-5} eV \cdot K^{-1}$
m_e	Elektronmasse	$9{,}10938215(45) \cdot 10^{-31}$ kg
ε_0	Elektrische Feldkonstante	$8{,}854187817 \cdot 10^{-12} F \cdot m^{-1}$
μ_0	Magnetische Feldkonstante	$1{,}2566 \cdot 10^{-6} H \cdot m^{-1}$
σ	Stefan-Boltzmann-Konstante	$5{,}670 \cdot 10^{-8} W \cdot m^{-2} \cdot K^{-4}$

1. Einleitung

Technische Produkte sind zunehmend komplexen Anforderungen unterstellt. Sie müssen nicht nur funktionelle und wirtschaftliche Anforderungen erfüllen, sondern auch gesetzliche, umwelt- und anwenderbezogene Aspekte berücksichtigen. Dieses zunehmend komplexere Anforderungsprofil erfordert eine Weiterentwicklung der ingenieurtechnischen Möglichkeiten zur Produktentwicklung und -herstellung. Aufgrund der erhöhten Anforderungen müssen für moderne Konstruktionen funktionsgerechte Werkstoffe eingesetzt werden. Diese Werkstoffe stellen insbesondere an die Fügetechnik hohe Anforderungen [61]. Die Fügbarkeit von Bauteilen ist von drei Faktoren abhängig: 1.) Fügeeignung (Werkstoffeigenschaft), 2.) Fügesicherheit (Konstruktion) und 3.) Fügemöglichkeit (Fertigung). Die Fügemöglichkeit repräsentiert die Randbedingungen des jeweiligen Fügeprozesses und ist umso größer, je weniger fertigungsbedingte Faktoren beim Entwurf einer Bauteilkonstruktion für einen bestimmten Werkstoff betrachtet werden müssen [14, 19]. Der Einsatz von einfachen, robusten, wirtschaftlichen und anwendungsgerechten Fügeverfahren erhöht die Fügemöglichkeit und damit die Fügbarkeit eines Bauteils. Lichtbogenverfahren erfüllen diese Bedingungen. Deshalb decken sie ein breites Anwendungsspektrum ab. Die einfache, sichere und vergleichsweise kostengünstige Erzeugung eines Lichtbogens ermöglicht dessen Anwendung zum Schweißen, Löten und zur Oberflächenaktivierung. Unter den Verfahren zum Lichtbogenschweißen ist das Wolfram-Schutzgasschweißen (WSG-Schweißen) von besonderer Bedeutung, da es universell für alle schweißgeeigneten Metalle eingesetzt werden kann. Die zwei wichtigsten Wolfram-Schutzgasschweißverfahren sind das Wolfram-Plasma-(WP-) Schweißen und das Wolfram-Inert-Gas-(WIG-) Schweißen. WP-Schweißanlagen sind aufwändig, benötigen zwei getrennte Schweißstromkreise und werden aufgrund ihrer hohen Anschaffungskosten relativ selten eingesetzt. Die WIG-Ausrüstung ist dagegen einfach, robust und kostengünstig und gehört zur Grundausstattung jedes Schweißbetriebs. WIG-Schweißen wird insbesondere für Nicht-Eisen-Metalle und hochlegierte Stähle eingesetzt [50]. WIG-geschweißte Bauteile sind durch eine hohe Qualität und ein besonders gutes Aussehen der Schweißnaht gekennzeichnet. Nach der Erfindung des WIG-Verfahrens in den dreißiger Jahren des 20. Jahrhunderts wurde eine ungleichmäßige Weiterentwicklung dieser Technik betrieben. In den letzten Jahren konzentrierte sich die Entwicklung vor allem in Richtung Stromquelle und deren Steuerung sowie auf spezielle Verfahrensvarianten und deren Zusatzelemente, hingegen kaum auf das für das WIG-Verfahren notwendige Werkzeug, den Brenner. Die wenigen Arbeiten zu Brennern beschäftigen sich hauptsächlich mit Lösungsansätzen zur Verbesserung der Belastbarkeit und der Gasabdeckung. Die Belastbarkeit des Brenners ist beschränkt durch die hohe thermische Beanspruchung durch den Lichtbogen und die Widerstandserwärmung in den elektrisch leitenden Brennerkomponenten. Zur Unterstützung der Entwicklung von Konstruktionsvarianten mit erhöhter Belastbarkeit wurden Messungen der Brennertemperatur durchgeführt, die jedoch bislang nur für Metall-Schutzgas- (MSG) Brenner beschrieben sind [125, 150]. Die Brennertemperatur ist aber eine Zustandsgröße eines Systems, die sich durch den Ausgleich von Wärmeflüssen in Abhängigkeit von den entsprechenden Werkstoffeigenschaften ergibt. Deswegen konnte in bisherigen Arbeiten kein Zusammenhang zwischen dem Wärmeeintrag in den Brenner und den Prozess- und Konstruktionsparametern abgeleitet werden [125, 150]. Im Bereich der Gasabdeckung dienen derzeit Schlieren- und PIV-Messungen zur experimentellen Visualisierung der Gasströmungen in der Lichtbogenumgebung [149, 185, 37]. Boehme [38] optimierte die Gasabdeckung durch die qualitative Analyse von Schweißversuchen, während Ebert [55] die Gasabdeckung ohne Lichtbogen mittels Rauch visualisierte. Die Ergebnisse der bisher eingesetzten Methoden liefern jedoch keine Aussagen über die Zusammensetzung des Prozessgases sowie den Anteil der Verunreinigungen an der Werkstückoberfläche bei brennendem Lichtbogen. Aus der Lichtbogenphysik ist zwar bekannt, dass einige Lichtbogeneigenschaften durch bestimmte Konstruktionsmerkmale verändert werden können, die zugrunde liegenden Prozesse wurden jedoch wenig erforscht. Ein Großteil der früheren Arbeiten konzentriert sich lediglich darauf, die Lichtbogeneigenschaften, welche die Schweißnaht prägen, unter veränderten Prozessparametern zu erfassen [94, 95, 162]. Zur Beeinflussung des Lichtbogens durch die Brennerkonstruktion wurden zwar verschiedene Lösungsansätze verfolgt [24, 21], die Überprüfung der dabei erzielten Lichtbogeneigenschaften erfolgte jedoch empirisch anhand von Schweißversuchen und ist nicht eindeutig belegt. Das Schweißergebnis ist als Resultat verschiedener zusammenwirkender Effekte nur begrenzt aussagekräftig und liefert keine konkreten Angaben über die Lichtbogeneigenschaften und den Anteil der Prozessgasverunreinigung [137].

In bisherigen Arbeiten wurden also folgende wichtige Fragenstellungen für die systematische Weiterentwicklung von Brennern nur unzureichend geklärt:

1. Welchen Einfluss hat die Brennerkonstruktion auf die Brennererwärmung?
2. Wie beeinflusst die Brennerkonstruktion die Gasabdeckung?
3. Wie verändert der Brenner die Lichtbogeneigenschaften?
4. Welchen Einfluss hat die Brennerkonstruktion auf das Schweißergebnis?

Dies verdeutlicht, dass bisher keine globale Betrachtung des Einflusses der Brennerkonstruktion auf die Lichtbogeneigenschaften und das Brennerverhalten im Betrieb angestellt wurde.

Ziel dieser Arbeit ist es, den Einfluss verschiedener Konstruktionsmerkmale des Brenners auf die Lichtbogeneigenschaften und das Verhalten des Brenners im Betrieb zu untersuchen. Dafür sollten aus den Erkenntnissen der Physik des Schweißens geeignete Diagnosemethoden abgeleitet werden, welche die Interaktionen zwischen Brenner und Lichtbogen sowie Lichtbogen und Werkstück erfassen. Die neuen Diagnosemethoden sollten Brennerkonstrukteur und Prozessentwickler dabei unterstützen, Funktionen zu ermitteln, Konstruktionsprinzipien abzuleiten sowie die gewünschten Brenner- und Lichtbogeneigenschaften zu überprüfen. Weiterhin sollten die mit Hilfe der neuen Diagnosemethoden gewonnenen Erkenntnisse eingesetzt werden, um anwendungsbezogene WIG-Brenner-Konstruktionsvarianten zu entwickeln.

2. Stand der Technik

2.1. WIG –Technik

2.1.1. Verfahrensprinzip

Das WIG-Schweißen ist das am häufigsten angewendete Wolfram-Schutzgas-Schweißverfahren. Beim WIG-Schweißen brennt der Lichtbogen zwischen einer nicht abschmelzenden Elektrode aus reinem oder legiertem Wolfram und dem Werkstück, wobei die Schmelzzone und die Wolframelektrode durch einen Mantel aus inertem oder reduzierendem Prozessgas geschützt werden. In der Regel wird reines Argon als Prozessgas eingesetzt. Für bestimmte Anwendungen werden aber auch reines Helium, Argon-Helium-Stickstoff- oder Argon-Wasserstoff-Gemische verwendet. Über die Gaszusammensetzung lassen sich Lichtbogeneigenschaften und Nahtausbildung beeinflussen [4, 18].

Zum Verfahrensaufbau gehören ein Schweißbrenner, eine Stromquelle mit fallender Kennlinie und eine Gasversorgung (Abb. 2.1). WIG-Schweißen kann handgeführt, mechanisiert oder automatisiert erfolgen. Um die Schweißnaht zu füllen, kann ein Zusatzwerkstoff eingesetzt werden [107, 16, 18]. Der Zusatzwerkstoff wird seitlich in die Prozesszone und je nach Mechanisierungsgrad entweder per Hand in Form eines Stabs oder maschinell als Draht zugeführt. Zwar können alle schweißbaren Metalle durch WIG-Schweißen gefügt werden, jedoch sind die Einsatzmöglichkeiten aufgrund der geringen Abschmelzleistung im Vergleich zu MSG-Schweißen und Unter-Pulver-(UP-)Schweißen begrenzt. Als Prozessparameter sind Stromstärken von 5 A bis 400 A und Geschwindigkeiten zwischen 10 $cm \cdot min^{-1}$ und 20 $cm \cdot min^{-1}$ üblich [50]. Aufgrund der hervorragenden Schweißnaht Qualität wird das WIG-Schweißen häufig für korrosions- und säurebeständige Stähle und Aluminiumlegierungen eingesetzt. Zur Zerstörung der Oxidschicht bei Aluminiumlegierungen wird das Verfahren mit Wechselstrom oder Gleichstrom mit Plus-Pol an der Wolframelektrode durchgeführt. Bei positiver Polung der Wolframelektrode zerstören die austretenden Elektronen aus der Werkstückoberfläche die schwerschmelzende Oxidhaut und ermöglichen so das Schweißen des bei 660°C schmelzenden Aluminiums. Diese Verfahrensvariante wird ebenfalls zum Schweißen von Magnesiumlegierungen eingesetzt. Im Allgemeinen ist das WIG-Verfahren nur für Blechdicken bis 4 mm wirtschaftlich. Die Vorteile von WIG-Verfahren sind nach Dilthey [50] wie folgt:

- geringe Wärmeeinbringung,
- stabiler Prozess (stabile Bogenentladung),
- getrennte Regelung der Wärmeeinbringung und Abschmelzleistung,
- ohne Zusatzwerkstoff mögliches Schweißen,
- gute Nahtoberfläche, keine Spritzer,
- gute Spaltüberbrückbarkeit.

Andere Verfahrensvarianten sind das WIG-Schweißen mit Impulsstrom, WIG-Schweißen mit Kaltdraht oder Heißdraht und das WIG-Orbitalschweißen [18]. WIG-Verfahren eignen sich nicht nur zum Schweißen metallischer Werkstoffe, sondern ermöglichen auch andere stoffschlüssige Verbindungen, wie Lötverbindungen. Das WIG-Löten unterscheidet sich vom WIG-Schweißen u.a. in der Art des Zusatzwerkstoffes. Typische Zusatzwerkstoffe zum Lichtbogenlöten sind Silizium-Bronze (SG-CuSi3), Zinn-Bronze (SG-CuSn6) und Aluminium-Bronze (SG-CuAl8) [89].

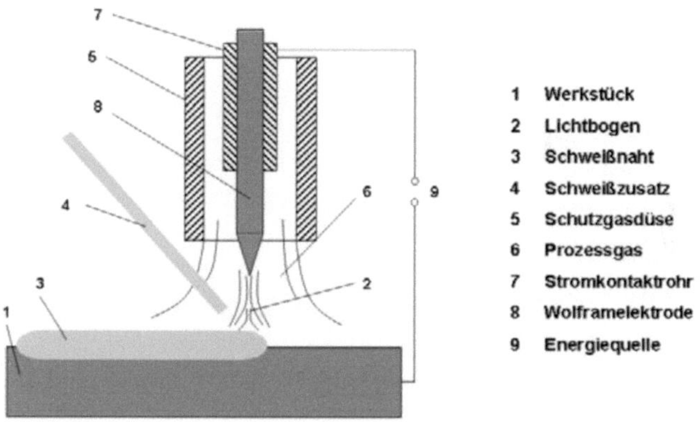

Abbildung 2.1.: Schematische Darstellung des WIG-Schweißen nach [16]

2.1.2. Brenner als Werkzeug zur Lichtbogenerzeugung

Der Brenner ist eine notwendige Vorrichtung, die alle erforderlichen Betriebsmittel für das WIG-Verfahren aus der Versorgungsstelle bis zur Fügezone leitet. Grundlegend besteht der Brenner aus Schlauchpaket mit Versorgungsleitungen, Brennerkopf, Elektrodenhalter, Wolframelektrode, Gasdüse und Brennerkörper mit Fassung (Abb. 2.2). Schweißbrenner werden als

Maschinen- oder Handbrenner ausgeführt. Maschinengeführte Brenner besitzen keinen Handgriff, sondern einen Bereich zur direkten oder indirekten Befestigung an der Führungsvorrichtung [5, 6]. WIG-Brenner für den vollmechanisierten Einsatz verfügen je nach Notwendigkeit auch über eine Vorrichtung zur Einbringung von Zusatzwerkstoff [107].

Die hohe thermische Belastung des Brenners im Betrieb beschränkt dessen Strombelastbarkeit. Deshalb wird zur Gewährleistung einer bestimmten Belastbarkeit Wärme aus dem Brenner abgeführt. Dies erfolgt über Luft- oder Flüssigkeitskühlung des Brenners. Luftgekühlte Brenner nutzen das Prozessgas, um Wärme aus dem Brenner abzuführen und sind in der Regel nur bis zu maximal 240 A DC bei 60% Einschaltdauer belastbar. Im Gegensatz dazu sind flüssigkeitsgekühlte WIG-Brenner bis zu 600 A DC bei 100% Einschaltdauer einsetzbar [6, 5, 3]. Die Vorteile luftgekühlter Brenner im Allgemeinen sind deren niedrigere Beschaffungs- und Wartungskosten und die höhere Leistungseffizienz. Dagegen besitzen flüssigkeitsgekühlte Brenner mit vergleichbarer Belastbarkeit ein geringeres Gewicht und eine höhere Lebensdauer ihrer Verschleißteile [169]. Um die Kühlwirkung im Brenner zu steigern, werden unterschiedliche Werkstoffkombinationen und Kühlkanalgeometrien im Brennerkopf eingesetzt. Die meistverwendeten Werkstoffe für elektrisch leitende Brennerelemente sind Kupfer und Messing, deren hohe Wärme- und elektrische Leitfähigkeit erwünscht ist. Andererseits werden Brenner mit Elementen aus schlecht leitenden Materialen wie hochlegiertem Stahl zum gezielten Wärmestau eingesetzt [11]. Die Kühlkanalgeometrie beeinflusst die Zwangskühlung im Brenner über Veränderungen der Wärmeübertragungsfläche und des Strömungscharakters. Bei luftgekühlten Standard-Brennern wird nur der Elektrodenhalter axial mit Gas angeströmt. Sonderausführungen luftgekühlter Brenner besitzen zusätzliche ring- oder gewindeartige Kühlkanäle am Brennerkopf [11, 13]. Dagegen werden bei flüssigkeitsgekühlten Brennern generell ring- oder gewindeartige Kühlkanäle bzw. Rippen in verschiedenen Ausführungen am Brennerkopf platziert [11, 22, 9, 26]. Die Wolframelektrode eines WIG-Brenners enthält in der Regel 0,15% bis 3,2% Zusatzlegierungen. Typische Legierungselemente sind CeO_2, La_2O_3, ThO_2 und ZrO_2, welche die elektrische Belastbarkeit und die Zündfähigkeit der Wolframelektroden erhöhen [17].

Der Elektrodenhalter eines WIG-Brenners leitet den elektrischen Strom zur Bildung des Lichtbogens und führt die Wärme aus der Elektrode ab. Bisher wurden Klemmsysteme zur Elektrodenhalterung eingesetzt, die aus mindestens drei Teilen in verschiedenen Ausführungen bestehen. Die zylinderförmige Wolframelektrode ist in einer geschlitzten Spannhülse befestigt, welche in ein Gehäuse mit meist konischem Auslauf hineingedrückt wird (Abb. 2.3). Mindestens zwei lösbare Verbindungen sind zwischen Elektrode und Kühlkörper bzw. Brennerkopf eingebaut [27, 23, 12, 20, 9, 6]. Das Befestigungssystem weltweit eingesetzter und von mehreren Brennerherstellern angebotener SR-Brenner unterscheidet sich kaum zwischen modernen und alten Konstruktionsvarianten (Abb. 2.3). Die Nutzung von Klemmsystemen zur Elektrodenhalterung hat sich im Laufe der Entwicklung der WIG-Technik nicht verändert.

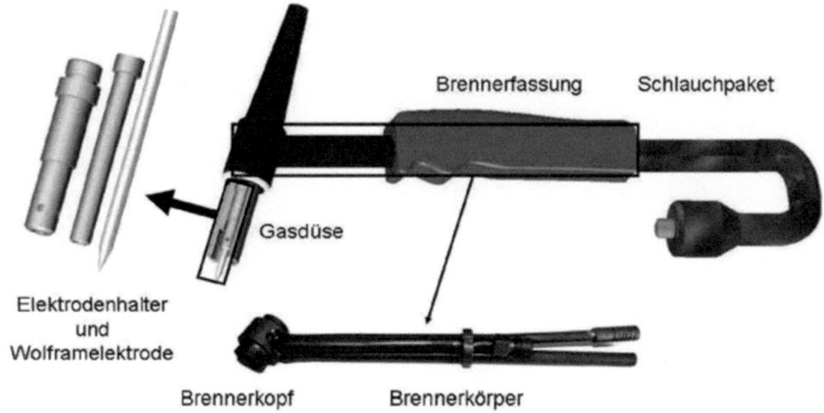

Abbildung 2.2.: Aufbau eines Standard-WIG-Brenner

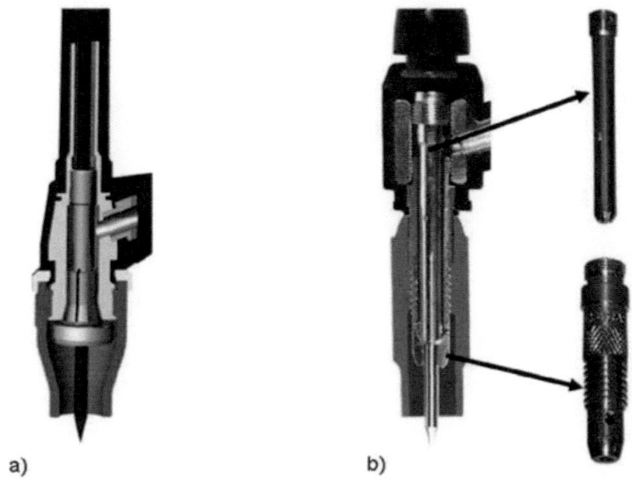

Abbildung 2.3.: a) Elektroden-Befestigungssysteme moderner luftgekühlter WIG-Brenner (ABITIG®) [20, 7]; b) Elektroden-Befestigungssysteme gebräuchlicher luftgekühlter WIG-Brenner (SR-17) [7]

Die Prozessgase haben die Aufgabe, Schmelze und Elektrode zu schützen und die Lichtbogeneigenschaften positiv zu beeinflussen. Einmischungen von Luft und der darin enthaltenen Feuchtigkeit in das Prozessgas verursachen Schweißunregelmäßigkeiten, wie die übermäßige Oxidation von Schmelze und Wärmeeinflusszone sowie die Bildung von Poren [49, 130, 131]. Feuchtigkeit und Sauerstoff gelangen durch Diffusion und Effussion über die Gasschläuche in das Prozessgas [130, 131]. Außerdem können eine ungünstige Gasdüsengeometrie und eine zu starke Brennerneigung zu Lufteinmischungen in das Prozessgas führen [18]. Besonders bei hochlegiertem Stahl und Titanium sollte eine Lufteinmischung vermieden werden. Die Verschlechterung der Korrosionsbeständigkeit bei hochlegierten Stähle und die Versprödung von Titan-Werkstoffen durch Sauerstoff und Stickstoff ist allgemein bekannt [93, 49, 122]. Das für WIG-Verfahren notwendige Prozessgas wird durch das Schlauchpaket geleitet und durch die Gasdüse in Richtung Schmelze geführt. Standardausführungen besitzen zylinderförmige Gasdüsen aus Keramik oder metallischen Werkstoffen, die gegen spannungsführende Teile isoliert sind [6, 107]. Der Gasdüsendurchmesser wird entsprechend der Fügeaufgabe angepasst. Zur Verbesserung der Gasabdeckung werden üblicherweise Gaslinsen oder Gasverteiler mit siebartigen Elementen eingesetzt, die eine laminare Gasströmung erzeugen. Zusätzlich können sekundäre Schutzgas-Einrichtungen zum Wurzelschutz oder Schleppdüsen für Titanwerkstoffe verwendet werden. [93, 6, 122].

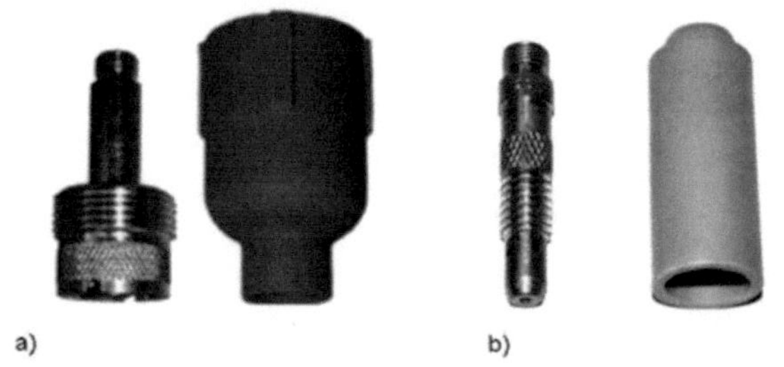

Abbildung 2.4.: a) Gasverteiler mit siebartigem Element und Gasdüse [7]; b) Gasverteiler und Gasdüse eines SR-Brennerns

2.1.3. Sonderbrenner

Um die Eigenschaften des Lichtbogens zu ändern und damit das Anwendungsspektrum über Standard WIG-Verfahren hinaus zu erweitern, werden Brenner mit Zusatzelementen konstruiert. Darunter sind WIG-Einrichtungen mit integriertem Magnetfeld-Erzeuger, veränderten Gasdüsensystemen sowie unterschiedlichen Kathodengeometrien und -anordnungen.

Eine Vorrichtung zur Induktion eines externen Magnetfeldes durch den Stromfluss im Brenner ist in [8] beschrieben. Das induzierte Magnetfeld lenkt den Lichtbogen in Schweißrichtung ab. Damit wird eine Steigerung der Prozessstabilität erreicht. In der Literatur sind Vorrichtungen mit externer Stromversorgung zur Induktion von Magnetfeldern beschrieben, welche eine Erhöhung der Prozessgeschwindigkeit ohne Bildung von Einbrandkerben erlauben [21]. Ein solcher WIG-Brenner enthält einen U-förmigen Magnetkern, dessen Enden parallel zur Elektrode verlaufen und eine in der Mitte des Magnetkerns angebrachte Spule. Besonders für WIG-Brenner exisitieren auch kommerziell erhältliche Zusatzelemente zur magnetischen Ablenkung des Lichtbogens und deren Automatisierung [2].

Bei Plasmabrennern wird der Lichtbogen durch eine Plasmadüse eingeschnürt [16]. Ein kombiniertes Brennersystem mit Elementen aus WIG- und Plasmabrennern wird in [1] beschrieben. Dabei ist die Wolframelektrode, wie bei einem Plasmabrenner, mit einer Düse aus Kupfer ummantelt. Die Öffnung dieser Plasmadüse ist jedoch größer als der Elektrodendurchmesser, so dass eine im Brenner eingebaute pneumatische Vorrichtung die Elektrode in der Plasmadüse in axialer Richtung bewegen kann. Der Lichtbogen bei dieser Brennervariante wird durch Kontakt gezündet. Die Schaltung vom WIG- zum Plasmabrenner erfolgt durch eine Positionierung der Wolframelektrode relativ zur Plasmadüse. Zudem weist der Brenner eine getrennte Gasführung von Plasma- und Schutzgas auf. Ein weiterer Plasmabrenner mit WIG-ähnlichem Aufbau und Zusatzelementen wird in [24, 25] vorgestellt. Bei diesem Brenner ist die Wolframelektrode von einer Schutzgasdüse mit einem sehr kurzen Spalt ummantelt. Der konische Auslauf der Schutzgasdüse besitzt den gleichen Winkel wie die Elektrode, deren Spitze 1,2 mm aus der Plasmadüse herausragt. Der Lichtbogen brennt zwischen der Wolframelektrode und dem Werkstück und wird durch das einströmende Schutzgas beeinflusst. Andere Sonderbrenner zum WIG-Schweißen besitzen unterschiedliche Kathodenanordnungen und/oder -geometrien. Vorrichtungen mit mehreren Kathoden zur Steigerung der Schweißgeschwindigkeit sind bekannt [18]. Masabuchi [105] entwickelte ein WIG-System zur Stabilisierung des Lichtbogens im Weltraum, bei dem das Prozessgas durch eine Hohlkathode geleitet wird. Zhang et al. [177] stellte ein analoges Plasmabrennersystem vor, das eine Wolfram-Hohlkathode und eine Standard-Wolframelektrode in einer Brenneranordnung vereint. Für diese Anordnung wies Zhang et al. mit Hilfe von Staudruckmessungen einen höheren Druck des Lichtbogens an der Werkstoffoberfläche im Vergleich zu herkömmlichen WIG-Brennern nach. Die Arbeit von Zhang et al. [177] ist die einzige Untersuchung, die sich den Unterschieden zwischen den von Sonderbrennern und herkömmlichen Brennern erzeugten Lichtbogeneigenschaften widmet. Diese Untersuchungen sind jedoch nicht ausreichend, da die Lichtbogenströmung nur einen Teil der bei der Ausbildung einer Schweißnaht wirkenden Effekte repräsentiert.

2.2. Der Lichtbogen

Reale Gase bestehen aus Molekülen und Atomen. Ihre Bestandteile können nicht als Punktteilchen betrachtet werden, da sie aus Atomen bzw. Elektronen und Atomkernen aufgebaut sind. Liegt hohe kinetische Energie und/oder ein starkes elektrisches Feld vor, so können sie in ihre Bausteine zerlegt werden und sich in ein ionisiertes Gas umwandeln, das Plasma [85]. Die Energiezufuhr im Form von Strahlung verschiedenster Art ermöglicht ebenfalls die Ionisierung eines Gases [80]. Der Schweißlichtbogen ist ein elektrisch erzeugtes Plasma und wird in der Plasmaphysik als Bogenentladungen bezeichnet. Er unterscheidet sich von anderen Gasentladungen in seinen Stofftransportbedienungen. Bei einer Bogenentladung erhitzt sich die Kathode so stark, dass Elektronen thermisch emittiert werden. Eine Senkung der Brennspannung ist die Folge (Abb. 2.5)[80]. Charakteristisch für eine Bogenentladung sind hohe Entladungsströme, für die es fast keine obere Grenze gibt und ihre relativ niedrige Brennspannung.

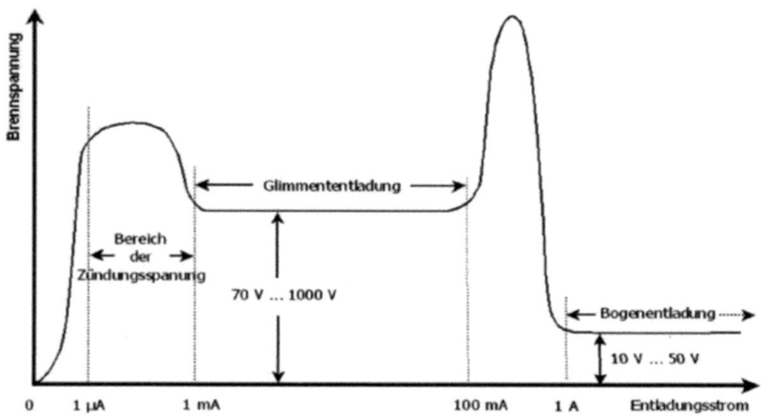

Abbildung 2.5.: Strom- Spannung- Charakteristik einer elektrischer Gasentladung [80]

Eine Erhöhung des Gasdrucks der Bogenentladung verstärkt die Wechselwirkung zwischen den Plasmateilchen. Ab einem Gasdruck von ca. 4 kPa wird von einem thermischen Plasma gesprochen [140, 92].

Ein Lichtbogen kann in verschiedenen Arten auftreten. Diese unterscheiden sich durch ihre Randbedingungen, die im wesentlichen die Lichtbogenform bestimmen [135, 134]:

- konvektionsbestimmte Lichtbögen,
- elektrodenstabilisierte Lichtbögen, die durch die Kathodenform beeinflusst werden,
- eigenstabilisierte Lichtbögen, die durch das von der eigenen Stromdichte hervorgerufene Magnetfeld kontrahiert werden (bei Stromstärken über 80 A),

- wandstabilisierte Lichtbögen, die in radialer Richtung durch eine feste Wand geometrisch begrenzt werden (keine schweißtechnische Anwendung)
- Mischformen der oben genannten Lichtbogenarten.

Das elektrische Potential des Lichtbogens unterteilt sich in drei Entladungsgebiete, das Kathodenfallgebiet, die Lichtbogensäule und das Anodenfallgebiet (Abb. 2.6). Der Spannungsabfall in den Entladungsgebieten wird durch den Stoff-Energietransport bestimmt, was unterschiedliche elektrische Feldstärken hervorruft [140]. In den Elektrodennahgebieten findet der Übergang der Ladungen zwischen Festkörper und Plasma statt. Sie werden durch eine hohe elektrische Feldstärke und eine hohe Stromdichte im Vergleich zur Lichtbogensäule charakterisiert [92, 166]. Die Größe des elektrischen Feldes der Lichtbogensäule wird u.a. durch den Ionisationsmechanismus des Entladungsgases bestimmt [175].

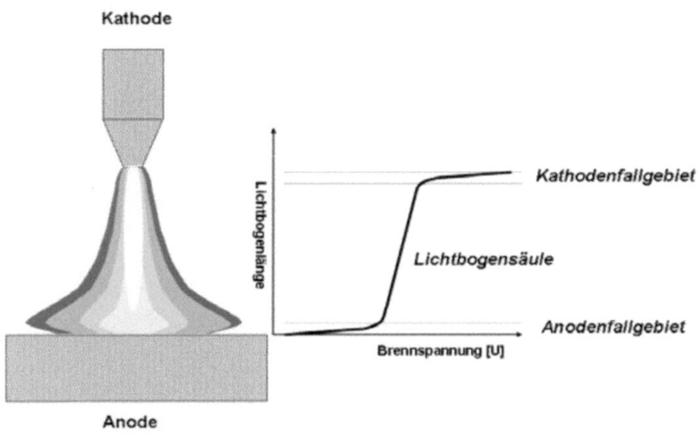

Abbildung 2.6.: Schematische Darstellung der Spannungsverteilung in Abhängigkeit von der Lichtbogenlänge

Eine Änderung des elektrischen Feldes bzw. der Lichtbogenspannung bewirkt eine Änderung der zugeführten Energie in den Lichtbogen [140].

2.2.1. Kathodenvorgänge

Bei einem Lichtbogen bildet sich ein Übergangsbereich zwischen der Kathode, wo die Elektronen austreten und dem Plasma mit einem lokalen thermischen Gleichgewicht (LTG). Ein

Teil der positiv geladenen Teilchen des Plasmas wird an der Kathodenoberfläche in einer dünnen Schicht konzentriert. Diese positv geladenen Teilchen rufen einen Großteil des starken Spannungsabfalls des Kathodenfallgebiets und die große elektrische Feldstärke an der Kathode hervor. Die Elektronen treten aus der Kathodenoberfläche aus und werden infolge der Feldstärke in Richtung der Anode beschleunigt. Bevor sich ein thermisches Plasma bildet, müssen die Elektronen zwei Teilgebiete durchlaufen, das Gebiet der positiv geladenen Teilchen (Kathodenfallraum) und das Gebiet, in dem die Ionisation der Teilchen beginnt (Ionisationszone) (Abb. 2.7) [175, 132].

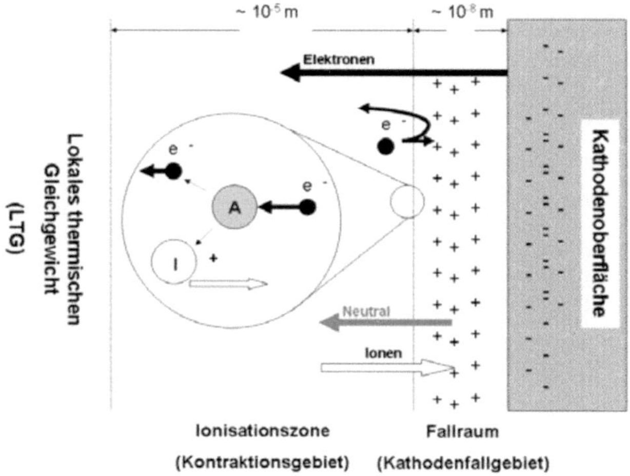

Abbildung 2.7.: Schematische Darstellung der Vorgänge an der Kathode nach [175]

Aufgrund der großen Beweglichkeit der Elektronen wird der Stromübergang im Lichtbogen größtenteils durch Elektronen erzielt. Die Anzahl der Elektronen, die aus der Kathode emittiert werden, wird durch ihre Emissionsmechanismen bestimmt. Das sind die Feldemission, die thermische Emission und die Sekundäremission [140].

Feldemission

Bei Anwesenheit einer elektrischen Feldstärke werden Atome durch die elektromagnetische Wechselwirkung auf ein hohes Energieniveau gebracht. Ist die Feldstärke so hoch, dass die Atome über den Anregungszustand hinaus kommen, können Elektronen durch einen Tunneleffekt die Potentialschwelle ihres Atomverbandes verlassen. Die Elektronenemission aus einer kalten metallischen Oberfläche wird erst ab einer Feldstärke von einigen $10^9 V \cdot m^{-1}$ hervorgerufen [140]. Eine mathematische Beschreibung der Feldemission einer Kathode ist durch die Fowler- Nordheim Gleichung (Gleichung 2.1) gegeben.

$$J_F = 6,2 \cdot 10^{-6} A_{FN} E_K e^{-\left(\frac{6,23 \times 10^7 \phi_k}{E_K}\right)^{\frac{3}{2}}} \tag{2.1}$$

Die Nutzung dieser Gleichung ist nicht unbeschränkt, da technische Oberflächen Rauhigkeiten und Verunreinigungen enthalten, die zur lokalen Änderung der Austrittsarbeit und zur Bildung von Feldverzerrungen mit sehr hohen Feldstärken führen können [92, 134].

Thermische Emission

Ein hohes Energieniveau eines Teilchens kann durch Zufuhr von thermischer Energie erreicht werden. Thermische Emission erfolgt, wenn Atome einer metallischen Oberfläche so erhitzt werden dass ihre Valenzelektronen durch den hohen Anregungszustand aus dem Atomverbund herausgelöst werden. Die Anzahl der austretenden Elektronen ist vom Kathodenmaterial und der Temperatur abhängig. Diese mathematische Beziehung wird durch die Richardsonsche Gleichung (Gleichung 2.2) beschrieben [175, 133].

$$J_R = A_R T_K^2 e^{\left(\frac{-\phi_{eff}}{k_b T_K}\right)} \tag{2.2}$$

Die Richardson-Konstante A_R kann nach Dushman [54] wie folgt berechnet werden:

$$A_R = \frac{4\pi k_b m_e e}{h^3} \tag{2.3}$$

Der Kathodenwerkstoff mit seiner charakteristischen Austrittsarbeit ($\phi_k = \phi_{eff}$) spielt eine entscheidende Rolle für die Anzahl der durch thermische Emission austretenden Elektronen. So sind bei reinen Wolframkathoden, im Gegensatz zu legierten Wolframelektroden, große Unterschiede bemerkbar. Ein signifikanter Elektronenstrom wird bei einer legierter Wolframkathode ab einer Temperatur von 2000 K erreicht (Abb. 2.8a)

Thermische Feldemission

Der starke Spannungsabfall im kathodennahen Gebiet erzeugt ein starkes elektrisches Feld, das die Feldemission aus der Kathodenoberfläche unterstützt. Als Folge einer heißen Kathode überlagern sich thermische- und Feldemission. Zur Berücksichtigung der überlagerten Effekte wird für praktische Anwendungen die Schottky Korrektur, (Gleichung 2.4), in der Term ϕ_{eff} der Gleichung 2.2 angewendet ($\phi_{eff} = \phi_k + \delta\phi_{St}$) [140, 175].

$$\delta\phi_{St} = -\sqrt{\frac{eE_k}{4\pi\varepsilon_0}} \tag{2.4}$$

Die thermische Feldemission findet stark in der Übergangsregion zwischen einer rein thermischen und einer reinen Feldemission (Heißkathode/Kaltkathode) statt sowie bei Verwendung eines nicht thermionischen Materials als Kathode [42]. Die berechnete thermische Feldemission für eine Wolframkathode ist in Abbildung 2.8 b dargestellt. Eine signifikante Erhöhung der Anzahl der ausgesendeten Elektronen ist nur mit sehr hohen Feldstärken möglich, eine vergleichbare Stromdichte wie einer mit La_2O_3 oder ThO_2 legiertem Wolframkathode ist nur bei einer Feldstärke von ca. 3x10^{30} $V \cdot m^{-1}$ erreichbar.

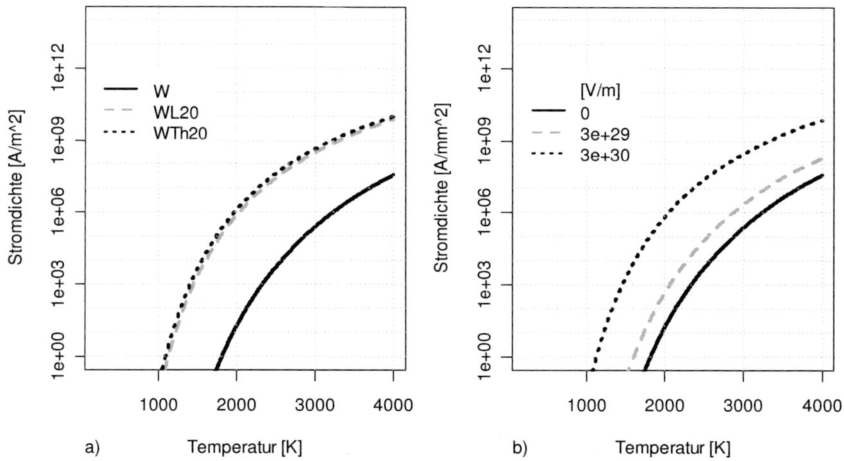

Abbildung 2.8.: a) Berechnete thermische Emission unterschiedlicher Wolframlegierungen in Abhängigkeit der Temperatur; b) Berechnete thermische Feldemission für unterschiedliche elektrische Feldstärken in Abhängigkeit von der Temperatur

Sekundäremission

Ionen mit genügend Energie verursachen eine Elektronemission, wenn eine Kollision mit einer Oberfläche vorkommt. Die Anzahl der durch Sekundäremission ausgesendeten Elektronen bildet nur einen kleinen Teil des gesamten Elektronenstroms an der Kathode. Bei den meisten Lichtbogen-Konfigurationen, außer Niederdruck- Applikationen, kann dieser Betrag vernachlässigt werden [175].

2.2.2. Lichtbogensäule

Ladungsträger, die aus der Kathode emittiert werden, regen Gasteilchen in der kontrahierten Plasmaschicht an und bewirken deren Ionisation. Durch die Erhöhung der Temperatur werden weitere Gasatome ionisiert, es bildet sich ein Plasma mit einem lokalen thermodynamischen Gleichgewicht (LTG) aus. Bei atmosphärischem Druck wird die Temperatur der Gasteilchen im Lichtbogen als annähernd gleich angenommen, obwohl die Elektronen aufgrund der Einwirkung des elektrischen Feldes eine etwas höhere Temperatur aufweisen. Eine wichtige Eigenschaft der Lichtbogensäule ist ihre elektrische Neutralität. Diese ist verantwortlich für das relativ niedrige elektrische Feld der Lichtbogensäule im Vergleich zu ihren Fallgebieten. Die elektrische Feldstärke der Lichtbogensäule beträgt in der Regel $10^3\ V \cdot m^{-1}$ [92, 140, 175].

Gase sind bei Raumtemperatur schlecht leitend, daher ist eine Aufrechterhaltung des Stromflusses bei niedriger Brennspannung in der Lichtbogensäule nur durch hohe Temperaturen möglich. Der Stromfluss im Lichtbogen lässt sich durch das Ohmsche Gesetz beschreiben. Daraus kann abgeleitet werden, dass der Großteil der Wärmeentwicklung in der Gassäule auf die Widerstandserwärmung zurückzuführen ist. Die in einem finiten Volumen der Gassäule entwickelte Wärme wird durch Strahlung, Wärmeleitung und Konvektion weitergeleitet [175, 134].

Eine wichtige Zustandsgröße des Lichtbogens ist dessen Temperatur. Diese bestimmt die Ionisierung bzw. den Dissoziationsgrad eines Plasmas. Die Saha-Eggert Gleichung beschreibt einen Sonderfall des Massenwirkungsgesetzes und ermöglicht die Berechnung des Ionisierungsgrades bei thermischer Ionisierung eines Gases. Aufgrund ihrer unterschiedlichen Ionisationsenergie zeigen Gase verschiedene Ionisationszustände bei gleicher Temperatur.

$$\frac{X_i^2}{1-X_i^2} = \frac{(2\pi m_e)^{\frac{2}{3}}}{h^2} \cdot \frac{2a_{ip}}{a_G} \cdot \frac{(k_b T)^{\frac{5}{2}}}{p_G} \cdot e^{\left(\frac{-w_i}{k_b T}\right)} \tag{2.5}$$

Stoffeigenschaften wie Enthalpie, Dichte, Viskosität, Strahlungs- und Diffussionskoeffizienten, elektrische und Wärme-Leitfähigkeit sind ebenfalls temperaturabhängige, nicht lineare Größen [80, 32, 46, 116, 114, 115, 141]. Die Temperatur im Lichtbogen ist jedoch keine einheitliche Größe. Ihre Verteilung wird durch den Wärmeabtransport an die Umgebung und insbesondere an die Elektroden bestimmt. Zahlreiche mathematische und experimentelle Untersuchungen an einem frei brennenden Lichtbogen ergaben Temperaturen zwischen 15000 K und 25000 K im Lichtbogenkern. Die Nutzung von Gasen mit höherer Ionisationsenergie und/oder von molekularen Gasen hat einen Anstieg der Lichtbogen-Temperatur zur Folge. Eine Erhöhung der Stromstärke und die damit steigende ohmsche Erwärmung bewirkt ebenfalls eine Zunahme der Temperatur. Bei der Anwesenheit von Metalldampf im Lichtbogen ist dessen Art und Anteil von Bedeutung. Eine niedrige Ionisationsenergie von Metalldämpfen verursacht eine Verminderung der Temperatur im Lichtbogen [155, 117, 98, 96, 67, 151, 140, 178, 159].

Die Lichtbogensäule erzeugt als durchflossener Leiter um sich herum ein elektromagnetisches Feld. Aufgrund dessen werden die bewegten Ladungen im Lichtbogen durch die Lorentzkraft radial nach innen gezwängt. Die Lorentzkraft ist abhängig von der Stromdichte $\vec{J}$, die an den Konstriktionsgebieten des Lichtbogens, bzw. an den Elektroden, am höchsten ist. An der Kathodenspitze wirkt die Lorentzkraft besonders stark, wird aber in Richtung des Lichtbogens infolge der abnehmenden Stromdichte geschwächt. Die Lorentzkraft erzeugt eine gaskinetische Druckerhöhung in der Lichtbogenachse, wodurch Kaltgas von außen zuströmt. Beim WIG Lichtbogen erzeugt diese sogenannte eigenmagnetische Kompression eine Strömung entlang der Säulenachse, die durch den Ansaugeffekt von kaltem Gas im Kathodenbereich gekennzeichnet ist [103, 102, 140] (Abb. 2.9).

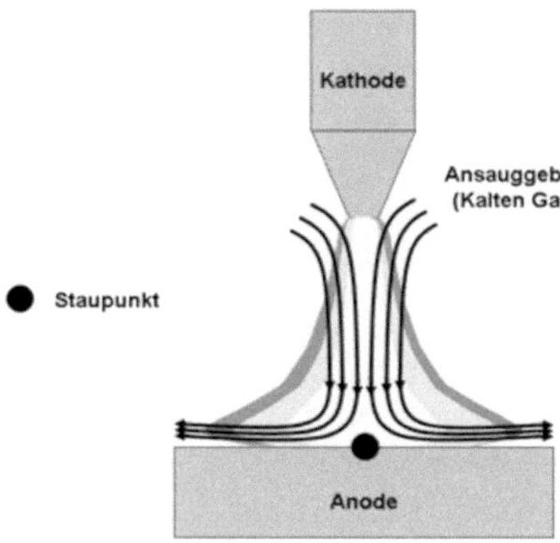

Abbildung 2.9.: Charakteristische Strömungslinien eines Lichtbogens infolge der eigenmagnetische Kompression

Die Strömungsgeschwindigkeit des Lichtbogens, die durch die eigenmagnetische Kompression verursacht wird, kann durch die Gleichung 2.6 beschrieben werden :

$$\rho_D \frac{d\vec{v_K}}{dt} = -\nabla p + \mu_0 \left[\vec{J} x \vec{H}\right] \tag{2.6}$$

Eine Vereinfachung der Gleichung 2.6 kann angewendet werden, wenn angenommen wird, dass der Lichtbogen über einen homogenen Kanal mit der Stromstärke I und dem Kanalradius R verfügt. Daraus resultiert der Maximaldruck in der Achsenmitte der Lichtbogensäule p_{max} (Gleichung 2.7):

$$p_{max} = \frac{I^2 \mu_0}{4\pi^2 R^2} = \frac{1}{2} \rho_D \vec{v_K^2} \tag{2.7}$$

Maecker [102] berechnete Geschwindigkeiten von 350 $m \cdot s^{-1}$ für einen Kohlelichtbogen von 200 A. Der Einfluss des Umgebungsdruckes auf die Lichtbogenströmung wurde von Allum [30] untersucht. Allum beschreibt unter Annahme einer Gauss-Verteilung für die Lichtbogenströmung, dass eine Steigerung des Umgebungsdruckes eine Verringerung der Geschwindigkeit in der Lichtbogensäule bewirkt. Ein genaueres Modell unter Berücksichtigung des Einflusses der Elektrode auf die Strömung wurde von Lowke et al. [98] veröffentlicht, der Geschwindigkeiten von 440 $m \cdot s^{-1}$ für 200 A und 820 $m \cdot s^{-1}$ für 400 A WIG-Lichtbögen errechnete.

2.2.3. Anodenvorgänge

Die an der Anode ablaufenden Prozesse ähneln in einigen Aspekten den Vorgängen im Kathodengebiet. Sowohl an der Anode, als auch an der Kathode kontrahiert die Lichtbogensäule bis zur Elektrode hin. In beiden erfolgt ein Spannungsabfall in einem sehr kleinen Bereich vor der Elektrodenoberfläche, dem sog. Fallraum. Die Elektronen aus der Lichtbogensäule durchlaufen dort die letzte Weglänge zur Metalloberfläche ohne eine Ionisierung zu verursachen. Durch den Eintritt der Elektronen bildet sich an der Anode eine ionenarme Schicht aus [140]. Da die Ionen ca. 1000 mal größer als die Elektronen und folglich auch weniger beweglich sind, baut sich gleich nach dem Fallraum eine zweite Schicht aus Metall-Ionen auf (Abb. 2.10). Die charakteristische Fallspannung an der Anode wird als positiver Wert angenommen und fluktuiert zwischen 2 V und 10 V [140, 92]. Mehrere Autoren dokumentieren hingegen auch das Auftreten einer negativen Fallspannung [152, 139, 51]. Die Umpolung des Spannungsabfalls begründen Tanaka und Ushio [152] mit Ionisierungsvorgängen an der Anode. Bei kleineren Stromstärken (ca. 50 A) dominiert an der Anode die Feldionisation. Das Plasma an der Anode ist durch ein nicht lokales thermisches Gleichgewicht (LTG) gekennzeichnet, welches erfordert, dass die Elektronen mehr Energie im Fallraum gewinnen müssen, um die Stabilität des Lichtbogens und des Ionisierungsvorgangs zu gewährleisten. Es entsteht ein positiver Anodenfall. Bei höheren Stromstärken (über 150 A) genügt die thermische Ionisation, um die Lichtbogenstabilität zu erhalten. Dabei ist die hohe Temperatur der schweren Teilchen ausreichend für die Ionisation und es wird keine zusätzliche Feldionisierung benötigt. Infolge dessen tritt ein negativer Anodenfall auf [152].

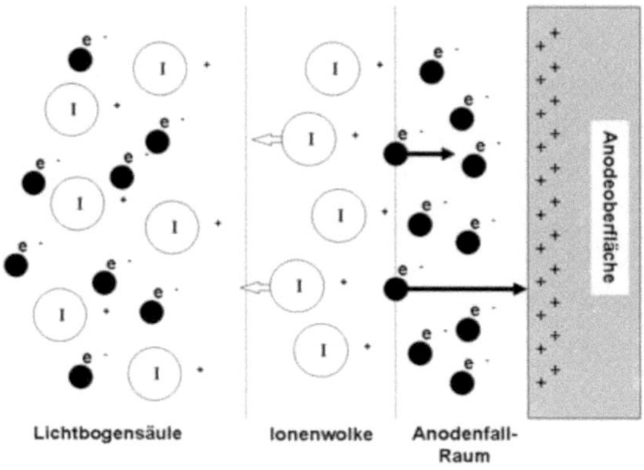

Abbildung 2.10.: Anodenfallgebiet schematisch nach [140]

Wärmeeintrag in die Anode

Der Wärmeeintrag aus dem Lichtbogen in die Anode wird von mehreren Faktoren, die zusammen auftreten, bestimmt. Dazu zählen zum einen die Wärme die von elektrischen Ladungen erzeugt wird und zum anderen der Wärmetransport aus dem Lichtbogen (Konvektion, Wärmeleitung und Strahlung) (Gleichung 2.8).

$$\dot{Q}_A = \dot{Q}_{El} + \dot{Q}_{Konv} + \dot{Q}_{Kond} + \dot{Q}_{St} \tag{2.8}$$

Der Großteil der vom Lichtbogen in die Anode eingetragenen Wärme wird durch die elektrischen Ladungen verursacht. Der Aufprall der Elektronen auf die Anodenoberfläche ist dafür verantwortlich. Dabei werden die Rekombinationsenergie die vom Anodenwerkstoff abhängig ist und die Elektronenenthalpie freigesetzt [92, 128, 148].

Der Wärmeeintrag in die Anodenoberfläche durch Konvektion ist von der Operationsart des Lichtbogens abhängig. Zu den Operationsarten gehören Kathodenstrahl- (CJD, „cathode jet-dominated“) und Anodenstrahl-dominierte (AJD, „anode jet-dominated“) Lichtbögen [138]. CJD-Lichtbögen, die zum Schweißen genutzt werden, sind durch die Strömung an der Kathode, glockenförmig ausgeprägt. Sanders und Pfender [139] wiesen nach, dass bei einem 150 A CJD-Lichtbogen 30% des gesamten Wärmeeintrags in die Anode durch Konvektion erfolgt.

Der Wärmeeintag durch Wärmestrahlung aus dem Lichtbogen hat nur einen geringen Anteil an der gesamten Lichtbogenleistung [128, 184]. Sander und Pfender [139] schätzen, dass die Wärmestrahlung nur ca. 5% des Wärmeeintrags an der Anode beträgt. Durch die Komplexität des

Wärmetransports an der Anodenoberfläche ist es schwierig, generelle Aussagen zur Wärmeleitung zu treffen. Eine Zusammenführung von Konvektion und Wärmeleitung in einem Term ist von Tanaka [153] veröffentlicht. Damit ist eine vereinfachte Betrachtung des Wärmeeintrags in die Anodenoberfläche möglich (Gleichung 2.9).

$$\dot{Q}_A = \dot{Q}_K + \dot{Q}_{St} + \frac{1}{e}(\frac{5}{2}k_b T_e + \phi_a) \tag{2.9}$$

2.3. Wechselwirkung des Lichtbogens mit dem Schmelzbad

Beim Schmelzschweißen erfolgt die Ausbildung der Schweißverbindung über ein Schmelzbad. In der Literatur wird zwischen Schmelzbädern unterschieden, die sich bei niedrigen Stromstärken (unter 200 A) ausbilden und solchen, die bei hohen Stromstärken (über 200 A) entstehen [90]. Zu den Effekten, welche die Ausformung des Schmelzbades bestimmen, gehören im Allgemeinen 1.) die elektromagnetische Kraft, 2.) der Auftrieb, 3.) die Scherkraft und 4.) die von Oberflächentensor bestimmte Marangonikonvektion [137, 168, 90, 123]. Die Relevanz dieser vier Effekte für die Ausformung der Schweißverbindung sowie die vorherrschenden Wärmetransport-Mechanismen unterscheiden sich erheblich in den jeweiligen Stromstärke-Bereichen. Schmelzbäder, die bei niedrigen Stromstärken entstehen, sind durch Re-Zirkulation im Schmelzbad gekennzeichnet, insbesondere durch Marangonikonvektion und die infolge der Lichtbogenströmung wirkende Scherkraft auf der Schmelzbadoberfläche (Abb. 2.11c)[168]. Der Auftrieb der Schmelze und die durch den Stromfluss zwischen Lichtbogen und Werkstück hervorgerufene elektromagnetische Kraft beeinflussen die Schmelzbadströmung nur geringfügig [168, 92]. Der Wärmetransport in Schmelzbädern wird bei niedrigen Stromstärken hauptsächlich durch Konvektion erzielt [90, 108].

Die Marangonikonvektion entsteht durch eine ungleichmäßige Verteilung der Oberflächenspannung im Schmelzbad. Dieser Oberflächenspannungsgradient verursacht eine Strömung, die von Bereichen mit niedriger Oberflächenspannung zu Bereichen mit höherer Oberflächenspannung verläuft. Flüssige Metalle besitzen in der Regel eine mit der Temperatur abnehmende Oberflächenspannung. Der Wärmeeintrag des Lichtbogens in die Werkstückoberfläche nimmt eine Gauß-ähnliche Verteilung an, das heißt, das Temperaturmaximum liegt im Zentrum des Lichtbogens. Daher wird eine nach außen gerichtete Marangonikonvektion induziert (Abb. 2.11b) [119, 162, 157, 168]. Veränderungen die dazu führen, dass der Oberflächenspannungsgradient einen positiven Wert annimmt, bewirken eine Umkehrung der Marangonikonvektion. Dies kann zur Modifikation des Verhältnisses zwischen Schmelzbadbreite und –tiefe genutzt werden (Abb. 2.11a) [101, 100, 170, 111]. Lu et al. [99] untersuchte den Einfluss sauerstoffhaltiger Argon-

Gase beim WIG-Schweißen des Werkstoffs 1.4301. Durch Beimischung von 3000 ppm bis 5000 ppm Sauerstoff erreichte der Autor einen bis zu dreifach tieferen Einbrand im Vergleich zu konventionellen Schweißungen unter Anwendung von reinem Argon.

Die Strömungsgeschwindigkeit des Lichtbogens und der Staudruck an der Werkstückoberfläche steigen mit der Erhöhung der Stromstärke [30]. Bei hohen Stromstärken führt der hohe Staudruck an der Werkstückoberfläche zu einer Einwölbung im Schmelzbad [90]. Dabei treibt der Druck des Lichtbogens die Schmelze in den hinteren Bereich des Schmelzbades, während in der lichtbogennahen Zone auf dem Grundwerkstück eine dünne Schmelzschicht entsteht (Abb. 2.11d) [108, 95]. Somit wird ein verbesserter Wärmetransport aus dem Lichtbogen ins Werkstück sowie ein tieferer Einbrand erreicht. In diesen Fällen spielt der Wärmetransport durch Konvektion im Schmelzbad kaum eine Rolle. Mendez und Eager [108] zeigten, dass in Lichtbögen mit hohen Stromstärken der Wärmetransport durch Wärmeleitung über die Marangonikonvektion im Schmelzbad dominiert. Bei Stromstärken über 300 A steigt jedoch durch den hohen Staudruck die Gefahr der Bildung von Schweißunregelmäßigkeiten wie Humping und Einbrandkerben [95].

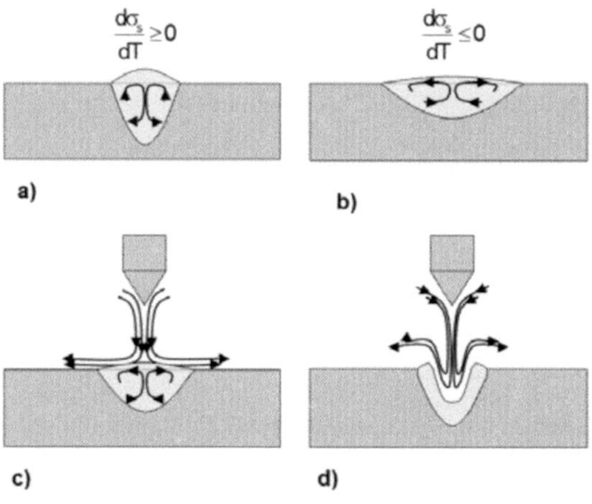

Abbildung 2.11.: Schematische Darstellung der Schmelzbad-Ausbildung; a) positiver Oberflächenspannungsgradient; b) negativer Oberflächenspannungsgradient; c) bei niedrigen Stromstärken; d) bei hohen Stromstärken

2.4. Wechselwirkung zwischen Brenner und Lichtbogen

Beim WIG-Schweißverfahren ist die nicht abschmelzende Elektrode fest an die Elektroden-Halterungselemente des Brenners gefügt. Aus diesem Grund wirkt der Lichtbogen nicht nur über Strahlung und Konvektion auf die Brenner-Komponenten ein, sondern auch durch den direkten Kontakt mit der Kathodenspitze. Infolge des Temperaturgradienten entsteht ein Wärmefluss in Richtung des kalten Brenners (Abb. 2.12).

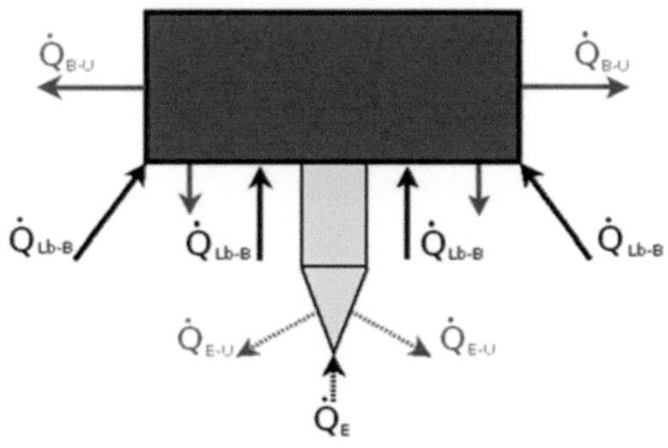

Abbildung 2.12.: Wärmeaustausch zwischen Lichtbogen, Werkstück und Brenner

2.4.1. Wärmetransport und Verschleiß an der Kathode

Die Energiebilanz an der Elektrode ist charakterisiert durch physikalische Wechselwirkungen zwischen Elektrode und Lichtbogen [92, 43]. Dabei hat die Bewegung der Ladungsträger an der Kathodenoberfläche einen entscheidenden Einfluss auf die Wärmeentstehung bzw. -ableitung an der Elektrode. Elektronen, die durch thermische Emission austreten, kühlen die Kathodenoberfläche entsprechend der Austrittsarbeit des Kathodenmaterials. Andererseits verursachen Ionenfluss und dessen Rekombination eine Erwärmung der Kathodenoberfläche. Die Wärmebilanz an der Kathodenspitze ist in mehreren Arbeiten beschrieben [151, 179, 132, 175, 98, 43, 174]. Die Gleichung 2.10 stellt den Wärmeeintrag an der Kathodenoberfläche dar, wobei Konvektion und Verdampfung an der Oberfläche vernachlässigt werden.

$$\dot{Q}_E = J_i(U_{se} + \frac{W_i - \phi_K}{e}) + (J_P - J_R)\frac{\phi_K}{e} - \varepsilon C_S T_k^4 \tag{2.10}$$

Der Ausgleich dieses Energieflusses durch Wärmeableitung erzeugt zusammen mit der ohmschen Erwärmung einen Temperaturverlauf an der Kathode. Dieser Temperaturverlauf beeinflusst sowohl die Stromdichteverteilung an der Kathode, als auch deren Verschleißverhalten entscheidend [113, 43]. Die Kathodentemperatur bei brennendem Lichtbogen wurde in mehreren Arbeiten experimentell sowie durch Simulationsmodelle bestimmt [182, 179, 68, 69, 71, 154, 151, 88, 155, 98, 167]. Dabei wurde der Einfluss von Kathoden-Werkstoff und -Geometrie, von der Stromstärke sowie der Schutzgaszusammensetzung untersucht. Die mittels Quotienten- oder Schmalband-Pyrometrie gemessenen Temperaturen an der Kathodenspitze sind in Tabelle 2.1 zusammengefasst. Im Falle von W-ThO_2-Kathoden führten die Untersuchungen durch verschiedene Autoren zu einheitlichen Ergebnissen. Für Werkstoffe wie W-La_2O_3 und W-CeO_2 weichen die Aussagen über die Temperatur an der Kathodenspitze jedoch um bis zu 600 K voneinander ab.

Quelle	Werkstoff	Geometrie	Belastung	Schutzgas	Temperatur
[68]	W	Ø3,2 - α60°	200 A	Ar	4400 K
[70, 71]	W-(ThO_2- 2%)	Ø3,2 - α60°	200 A	Ar	3500 K
[70, 71]	W-(ThO_2- 2%)	Ø3,2 - α60°	300 A	Ar	3500 K
[70, 71]	W-(ThO_2- 2%)	Ø3,2 - α60°	500 A	Ar	3700 K
[70, 71]	W-(ThO_2- 2%)	Ø3,2 - α30°	200 A	Ar	3500 K
[70, 71]	W-(ThO_2- 2%)	Ø3,2 - α12°	200 A	Ar	3300 K
[70, 71]	W-(ThO_2- 2%)	Ø3,2 - α150°	200 A	Ar	3400 K
[167]	W-(ThO_2- 2%)	Ø3,2 - α45°	150 A	Ar	3613 K
[182]	W-(ThO_2- 2%)	Ø3,2 - α60°	200 A	Ar	3500 K
[182]	W-(ThO_2- 2%)	Ø3,2 - α60° - Pl 1 mm	200 A	Ar	3500 K
[167]	W-(CeO_2- 2%)	Ø3,2 - α45°	150 A	Ar	3073 K
[68]	W-(CeO_2- 2%)	Ø3,2 - α60°	200 A	Ar	3600 K
[167]	W-(La_2O_3- 2%)	Ø3,2 - α45°	150 A	Ar	2073 K
[68]	W-(La_2O_3- 2%)	Ø3,2 - α60°	200 A	Ar	3300 K
[68]	W-(Y_2O_3- 2%)	Ø3,2 - α60°	200 A	Ar	4000 K

Tabelle 2.1.: Zusammenfassung der für verschiedene Wolframlegierungen und Kathodengeometrien bestimmten Temperaturen (Kathodenspitze)

Die Belastung der Kathode durch hohe Oberflächentemperaturen führt zu deren Verschleiß. An der stark thermisch belasteten Kathodenspitze erfolgt Verdampfung, wovon Dotierungselemente mit niedrigerer Verdampfungstemperatur als Wolfram besonders betroffen sind [167, 106, 183, 163]. Zudem wurde eine Migration der Dotierungselemente von der Kathodenspitze zu Bereichen mit niedrigerer Temperatur beschrieben und mit der Ionisierung der verdampfenden Kathodenelemente und deren anschließender Rekombination an der Oberfläche begründet

[163, 182]. Die Temperaturunterschiede entlang der Kathode und die daraus resultierenden Migrationprozesse unterstützen die Bildung von Bereichen mit unterschiedlicher Werkstoffzusammensetzung und Oberflächenbeschaffenheiten [182, 163, 106]. In kälteren Bereichen der Kathoden bilden sich Dendriten. Dieser Vorgang wird durch Zusatz von sauerstoffhaltigen Gasen verstärkt [166].

2.4.2. Wärmetransport durch Strahlung

Wie bereits in Abschnitt 2.2.2 hingewiesen, erreicht ein WIG-Lichtbogen Temperaturen bis zu 25000 K. Dabei entsteht eine hohe Strahlungsintensität, welche die Brennerkomponenten belastet. Die beteiligten gasförmigen Elemente im Lichtbogen werden aufgrund der hohen Temperaturen und der energetischen Wechselwirkungen im Lichtbogen einfach oder mehrfach angeregt. Bei einem Lichtbogen-Schweißprozess wird Strahlung selektiv nur in bestimmten Wellenlängebereichen emittiert. Die Nutzung verschiedener Gase, Stromstärken und Grundwerkstoffe erzeugt unterschiedliche Spektralfenster [87, 171, 172, 140, 110]. Die in der Lichtbogensäule entstehende Strahlungsenergie ist als Funktion der Wellenlänge über einen Spektralbereich von ca. 0,1 bis 100 μm beschrieben. Die Strahlungsleistung, d.h. die über eine bestimmte Zeit zugeführte Strahlungsenergie, kann bolometrisch gemessen werden [73, 58]. Untersuchungen an Schweißverfahren mit nicht abschmelzender Elektrode ergaben, dass die Strahlungsleistung des Lichtbogens von mehreren Faktoren abhängig ist. Allum beschreibt, dass eine Variation des Umgebungsdrucks von 1 bar bis 20 bar eine Steigerung der Strahlungsleistung von 18% bis 26% im Bezug auf die gesamte elektrische Leistung bewirkt [31]. Die Strahlungsleistung von Plasma-Lichtbögen ist durch Plasmagasmenge und Stromstärke stark beeinflussbar. Bei einem 100 A Lichtbogen mit 20 $l \cdot min^{-1}$ Plasmagas werden 21% der elektrischen Leistung in Strahlung umgesetzt, bei einem 50 A Lichtbogen mit 5 $l \cdot min^{-1}$ Plasmagas hingegen nur etwa 8%. Durch eine Erhöhung der Lichtbogenlänge wird ebenfalls eine Steigerung der Strahlungsleistung erreicht. [77, 79, 76, 78].

Die im Lichtbogen entstehende Strahlungsenergie wird nur zum Teil vom Brenner aufgenommen. Die restliche Strahlungsenergie wird an die Umgebung sowie an das Werkstück abgegeben. Untersuchungen von Sanders [139] zeigen, dass 5% des Gesamtenergieeintrags in das Werkstück durch die Strahlung des Lichtbogens verursacht wird. Absorption und Emission sind bei realen Strahlern abhängig von der Strahlungs-Wellenlänge, dem Winkel und der Temperatur sowie bei Festkörpern zusätzlich von der Oberflächenbeschaffenheit. Derzeit stehen in der Literatur nicht ausreichend Messwerte für verschiedene Bedingungen zur Verfügung [75]. Deswegen wird der Strahlungsaustausch von strahlenden Elementen zu ingenieurtechnischen Zwecken häufig unter der Annahme eines grauen Temperaturstrahlers berechnet. Zur Ermittlung des ausgesendeten Energiestroms sind dabei die geometrischen Verhältnisse der beteiligten Elemente und deren Emissionsgrad zu berücksichtigen. Der Strahlungsenergiestrom des Lichtbogens verteilt sich auf alle von ihm aus sichtbaren Flächen. Abgeleitet vom Grundgesetz der Fotometrie bezeichnet die Einstrahlzahl das Verhältnis des auf eine bestimmte Fläche ausgesendeten Energiestroms zur ausgestrahlten Gesamtenergie (Gleichung 2.11).

$$\varphi_{1,2} = \frac{1}{\pi A_1} \int_{A_1} \int_{A_2} \frac{\cos\beta_1 \cos\beta_2}{l_r^2} dA_1 dA_2 \tag{2.11}$$

Hierbei ist l_r der Abstand der beteiligten strahlenden Flächen A_1 und A_2. β_1 und β_2 beschreiben die Winkel zwischen der Strahlungsrichtung und den jeweiligen Flächennormalen. Aus der Bilanz der ausgetauschten Strahlungsleistungen zwischen den beiden grauen Körpern oder Flächen unterschiedlicher Temperatur folgt für den Strahlungsaustauschkoeffizienten die Gleichung:

$$C_{1,2} = \frac{\varepsilon_1 \varepsilon_2 \sigma \varphi_{1,2}}{1 - (1-\varepsilon_1)(1-\varepsilon_2)\frac{A_1}{A_2}\varphi_{1,2}^2} \tag{2.12}$$

Für den Wärmestrom $\dot{Q}_{1,2}$, der von der Fläche A_1 mit der höheren absoluten Temperatur T_1 an die Fläche A_2 mit der niedrigeren absoluten Temperatur T_2 durch Wärmestrahlung transportiert wird, gilt Gleichung 2.13 [73],

$$\dot{Q}_{1,2} = C_{1,2} A_1 (T_1^4 - T_2^4) \tag{2.13}$$

2.4.3. Wärmetransport durch Konvektion

Allum [31] zeigte, dass 70% der von der Lichtbogensäule an die Umgebung abgegebenen Energie auf Konvektion zurückzuführen ist. Andererseits kann der Wärmeaustausch durch Konvektion zwischen Lichtbogen und Brenner vernachlässigt werden. Gründe hierfür sind zum einen der charakteristische Aufbau eines WIG-Brenners mit einem, im Vergleich zum Elektrodendurchmesser ca. drei- bis sechsmal größeren Gasdüsendurchmesser und zum anderen die Schutzgasströmung, die der Konvektion aus dem Lichtbogen entgegenwirkt. Der Einfluss der Konvektion auf die Erwärmung der Kathode wurde außerdem in den meisten wissenschaftlichen Arbeiten vernachlässigt [151, 179, 132, 98].

2.5. Beeinflussung des Lichtbogens

2.5.1. Einfluss externer Magnetfelder

Die Temperaturverteilung an der Lichtbogensäule bedingt in radialer Richtung einen Ladungsdichteunterschied, der zu einer magnetischen Kompression der Lichtbogensäule führt. Dabei stehen der Ladungsträgerdruck und die nach außen gerichtete Diffusion in einem Gleichgewicht. Wird ein externes Magnetfeld ausgeübt, so erfolgt eine Auslenkung der Lichtbogensäule senkrecht zur Feldwirkung. Grund für diese Auslenkung ist die Lorentzkraft, die auf die elektrischen Ladungen wirkt. Eine Auslenkung des Lichtbogens ist durch ein Querfeld oder ein Längsfeld möglich (Abb. 2.13) [140]. Ein quergerichtetes Magnetfeld erzeugt eine senkrechte Bewegung in Bezug zur Ebene der Elektroden, ein längs ausgeübtes Magnetfeld bewirkt eine Änderung der radialen Kraftkomponenten des Lichtbogens [83, 81].

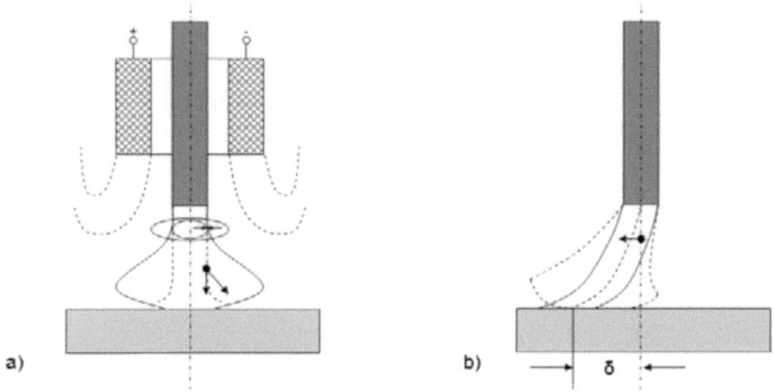

Abbildung 2.13.: Schematische Darstellung ein externes Magnetfeld: a) längsbeeinflusster Lichtbogen; b) querbeeinflusster Lichtbogen [140]

Mehrere Autoren untersuchten die magnetische Auslenkung des Lichtbogens. Nach Bachelis [34] ist die Größe der Auslenkung von der Schutzgaszusammensetzung, dem Elektrodenmaterial und der Art des Stroms abhängig. Seine These basiert auf Schweißversuchen, wobei die Auslenkung des Lichtbogens als Abstand zwischen den Mittelpunkten der Schmelzbäder mit und ohne Einwirken des Magnetfeldes gemessen wurde. Bachelis postuliert dazu einen empirischen Zusammenhang unter der Annahme, dass der Lichtbogen ein steifer Körper ist [34] (Gleichung 2.14). Ein ähnlicher empirischer Zusammenhang wurde von Kovalev [91] publiziert. Zusätzlich führt Kovalev eine Abhängigkeit der maximal zulässigen externen Feldstärke von der Stromstärke und der Lichtbogenlänge ein.

$$\delta = \frac{CI}{4H}\left[1 - \sqrt{\frac{1-16H^2l_0^2}{C^2i^2}}\right] \tag{2.14}$$

Die Stabilität eines gepulsten Lichtbogens unter der Einwirkung eines externen Magnetfelds wurde von Ecer [56] erforscht. Ecer untersuchte unter anderem die Gültigkeit der empirischen Beziehungen von Bachelis und Kovalev [34, 91] für die Auslenkung WIG-gepulster Lichtbögen. Für gepulste Lichtbögen wurde im Vergleich zu nicht gepulsten Lichtbögen eine höhere Lichtbogenstabilität bzw. eine geringere Auslenkung nachgewiesen.

Die empirischen Beziehungen von Bachelis und Kovalev benötigen zwei dimensionslose Steifigkeits-Faktoren, welche häufig unbekannt sind. Deswegen ist eine praktische Nutzung dieser Beziehungen begrenzt. Ein deduktiver physikalischer Zusammenhang zur Berechnung der Lichtbogenablenkung wurde von Kang und Na [81] veröffentlicht (Gleichung 2.15). Die Ergebnisse ihrer Berechnung für den Einfluss von Feldstärke, Lichtbogenlänge und Stromstärke auf die Lichtbogenauslenkung stimmen mit Messungen der optischen Erscheinung des abgelenkten Lichtbogens überein.

$$\delta = \frac{v_y}{v_z} z = \frac{\left(\frac{1}{2nq} \cdot \frac{d_p}{d_z}\right) - E_z}{\eta \frac{d_p}{d_z}} B_x z \tag{2.15}$$

Die optische Erscheinung des Lichtbogens wurde auch von anderen Autoren als Auswertungsmethode in Untersuchungen von MSG-, WIG- und Plasmalichtbögen angewendet [145, 144, 74, 48].

Ein Magnetfeld mit wechselnder Polung versetzt den Lichtbogen in eine Pendelbewegung. Die physikalischen Eigenschaften des magnetisch gependelten Lichtbogens mit einer Elektrode aus Kohle und einer Anode aus Stahl wurden von Karasik untersucht [84, 83]. Karasik beobachtete, dass der Lichtbogenansatz an der Anode ab einer Frequenz von 100 Hz trotz sich bewegender Lichtbogensäule unverändert bleibt. Bei niedrigeren Frequenzen unter 80 Hz ist der Lichtbogen hingegen parabolisch ausgeprägt. Diese Untersuchungen wurden mit Hilfe von Hochgeschwindigkeitsaufnahmen der optischen Erscheinung des Lichtbogens realisiert. Eine positive Auswirkung gependelter Lichtbögen auf das Schweißergebnis wird ebenfalls beschrieben [164, 82]. Metallographische Analysen zeigen bei hohen Frequenzen positive Veränderungen im Gefüge des Schweißguts [164]. Zudem wurde eine Verbesserung der Spaltüberbrückbarkeit durch die Pendelbewegung des Lichtbogens beschrieben [82].

2.5.2. Einfluss externer Strömungen

Die elektrische Leitfähigkeit eines Gases wird hauptsächlich durch die Wechselwirkung von Elektronen und Ionen bestimmt und steigt mit zunehmender Temperatur. Da der Lichtbogen eine charakteristische Temperaturverteilung aufweist, folgt auch die elektrische Leitfähigkeit diesem Temperaturfeld. Im Zentrum des Lichtbogens sind Stromdichte und elektrische Leitfähigkeit maximal [140]. Das Anströmen mit Kaltgas bewirkt zum einen die Begrenzung des Lichtbogens durch eine Konvektionsströmung, wodurch die Wärmeabfuhr an die Umgebung verstärkt bzw. die Stromdichte-Verteilung in der Lichbogensäule verändert wird [185]; zum anderen beeinflussen die aufgrund der niedrigeren Temperatur geringere Viskosität und der Impuls des zuströmenden Kaltgases den Strömungscharakter. Bei Plasmaverfahren mit übertragendem und nicht übertragendem Lichtbogen ist die Anströmung mit Plasmagas entscheidend für den Strömungscharakter des Lichtbogens sowie die Energieverteilung. Bei hohen Plasmagasmengen ist die Bildung eines Kaltgasmantels in der Düsenbohrung für eine Verringerung des elektrisch leitfähigen Lichtbogen-Querschnittes verantwortlich, wobei die Temperatur in der Lichtbogensäule steigt. Der Wärmeübergang an der Oberfläche des Werkstücks nimmt ebenfalls mit zunehmender Plasmagasmenge zu. Zusammen mit der erhöhten eigenmagnetischen Kompression bewirkt die thermische Expansion des Plasmagases an der Düsenbohrung eine vielfach höhere Plasmageschwindigkeit im Vergleich zu einem WIG-Lichtbogen [141, 109, 165]. Aithal et al. [28] berechnete Geschwindigkeiten im Düsenbohrungsbereich von 1100 $m \cdot s^{-1}$ und 1600 $m \cdot s^{-1}$ für 100 A bzw. 150 A übertragende Plasmalichtbögen. Die Validierung seiner Berechnungen erfolgte durch Staudruckmessungen. Aufgrund der Einschnürung im Düsenbereich ergeben Simulationsmodelle Temperaturen von mehr als 30000K für übertragende Plasmalichtbögen [141, 28]. Lawton und Mayo [94] untersuchten den Einfluss der Sekundärgasmenge sowie des Abstands zwischen Brenner und Werkstück auf die Energieverteilung eines Plamabrenners mit übertragendem Lichtbogen und konnten dabei Änderungen in der Energieverteilung in Abhängigkeit von der Gasmenge nachweisen. Mit Hilfe der Methode der geteilten Anode zeigten Lawton und Mayo, dass ein maximaler Einfluss der sekundären Ringströmung auf die Strom- und Wärmeverteilung an der Werkstückoberfläche erreicht wird, wenn die Gasströmung in der Nähe der Anode auftrifft. Coudert et al. [41] untersuchten den Einfluss der Gasinjektoren-Geometrie auf die Lichtbogen-Eigenschaften. Es wurden konische Injektoren im gleichen Winkel wie die Kathodenspitze und zylindrische Injektoren parallel zum Kathodestift analysiert. Dazu erstellten Coudert et al. ein Simulationsmodell, bestimmten die Lichtbogentemperatur mit Hilfe der Emissionsspektroskopie und führten Strom-, Spannungs- und Kalorimetriemessungen an den Anoden durch. Konische Injektoren unterdrückten die Re-Zirkulation an der Kathode und erzeugten höhere Strömungsgeschwindigkeiten, Temperaturen sowie Stromdichten im Lichtbogen. Infolge der erhöhten Arbeitsspannung wurden höhere Wärmeeinträge in der Anode nachgewiesen. Bei der Nutzung zylindrischer Gasinjektoren waren Strömungsgeschwindigkeit, Temperatur und Stromdichte niedriger im Vergleich zu einem frei brennenden Lichtbogen. Zudem hatte die relative Position des Gasinjektors zur Kathode einen entscheidenden Einfluss. Ein übertragender Lichtbogen wird in Strömungsrichtung der Kreuzströmung ausgelenkt. Das zuströmende Gas erwärmt sich bis zur Plasmatemperatur, der Lichtbogen wird hingegen einseitig zwangsgekühlt. Durch diesen Kühlmechanismus erfolgt eine inhomogene Erwärmung des Lichtbogenquerschnitts. Eine solche Inhomogenität von Temperatur- und Strömungsfeld sowie Stromverteilung sind typisch für Lichtbögen, die durch eine Krümmung der Säule gekennzeichnet sind [104, 86]. Untersuchungen zur Stabilität eines durch Zwangskonvektion abgelenkten Lichtbogens unter Anwendung eines Magnetfeldes und Temperaturmessungen dieses stabilisierten Lichtbogens sind in der Literatur zu finden [35, 143]. Technische Anwendungen eines solchen Lichtbogens sind jedoch nicht publiziert.

Die Eigenschaften eines nicht übertragenden Lichtbogens mit Koaxial-Strömung wurden von mehreren Autoren unter Anwendung numerischer und experimenteller Untersuchungen erforscht [161, 176, 47, 59]. Capetti und Pfender [40] nutzten Enthalpiemessungen und Staudruckrohr-Proben zur Bestimmung der Temperatur und der Strömungsgeschwindigkeit des Lichtbogens. Ihre Untersuchungen ergaben für Argon-Plasma um ca. 50% höhere Temperaturen und Geschwindigkeiten im Vergleich zu Luft-Plasma. Die technische Nutzung eines solchen Lichtbogens ist beim thermischen Spritzen allgemein verbreitet.

2.5.3. Einfluss der Kathode

Zum Schweißen werden Kathodenwerkstoffe eingesetzt, die hohen Temperaturen standhalten und eine niedrige Austrittsarbeit besitzen. Aufgrund dieser Eigenschaften erreichen diese Materialien die thermische Emission ohne zu schmelzen. Typische Werkstoffe für Glühkathoden sind Wolfram und Kohlenstoff. Molybdän und Tantal zählen zwar ebenfalls zu den schwer schmelzenden Werkstoffen, werden aber selten als Kathodenmaterial eingesetzt [92, 140]. Wolfram ist mit einer Schmelztemperatur von 3400 K und einer Austrittarbeit von 4,2 eV der am häufigsten zum Schweißen eingesetzte Kathodenwerkstoff. Zur Verbesserung des Zündverhaltens und der Verschleißbeständigkeit der Wolframkathode werden Legierungselemente beigemischt, die eine niedrigere Austrittarbeit aufweisen. Diese Legierungselemente verbessern die Bedingungen für die thermische Emission und erzeugen damit eine niedrigere Arbeitstemperatur an den Kathodenspitzen [18, 17, 140]. Die Stromdichte an der Kathode verursacht einen Ansaugeffekt, welcher den Strömungscharakter des Lichtbogens entscheidend beeinflusst. Durch die eigenmagnetische Kompression des Lichtbogens wird eine Plasmaströmung, ausgehend vom Kathoden-Brennfleck bis hin zu den großen Lichtbogendurchmessern, ausgebildet [103, 102]. Der durch die Lichtbogenströmung an der Oberfläche erzeugte Staudruck ist von mehreren Autoren untersucht worden, die sich jedoch meist nur auf die Prozessparameter beziehen [57, 28, 39, 30, 129].

Veränderungen der Staudruckverteilung und der Staudruckmaxima von WIG-Lichtbögen in Abhängigkeit vom Kathodenwinkel wurden von Lin und Eager [95] erforscht. Lin und Eager wiesen eine lineare Steigerung der Staudruckmaxima in Abhängigkeit von der Stromstärke nach, wobei spitze Elektroden einen höheren Staudruck im Vergleich zu flacheren Elektroden erreichen. Andere Kathodengeometrien wie Hohlkathoden oder die Verwendung eines Plateaus an der Kathodenspitze verursachen eine Verringerung des Humping-Effekts im Schmelzbad [147, 15]. Haider und Farmer [71] untersuchten mit Hilfe von Emissionsspektroskopie den Einfluss des Kathodenwinkels auf die Lichtbogentemperatur in Kathodennähe. Ihre Untersuchungen zeigten eine Abhängigkeit der Plasmatemperatur vom Kathodenwinkel für einen Kathodenabstand von 0,1 mm. Bei einer Veränderung des Kathodenwinkels von 12° bis 60° stieg die

Temperatur des Plasmas von 18000 K auf 23000 K an. Mit weiter zunehmendem Kathodenwinkel von 60° bis 150° sank die Plasmatemperatur hingegen auf 17500 K ab. Haider und Farmer begründen ihre Ergebnisse mit der durch die Variation des Winkels veränderte Temperatur bzw. Stromdichte an der Kathode, welche die Temperatur des Plasmas beeinflusst. Ähnliche Untersuchungen wurden von Terasaki et al. durchgeführt [156]. Zhou et al. [179] untersuchten mit Hilfe eines Simulationsmodells den Einfluss der Stromdichte an Kathode und Kathodenansatzfläche auf die Lichtbogentemperatur. Dabei zeigte sich, dass eine Steigerung der Stromdichte an der Kathode um 20% eine Zunahme der Plasmatemperatur von 20000 K bis 25000 K bewirkt.

Veränderungen der Lichtbogentemperatur durch Zusatzlegierungen in Wolframkathoden wurden von Tanaka et al. [154] beschrieben. Dabei wurde mit einem Simulationsmodell nachgewiesen, dass W-2% ThO_2 im Gegensatz zu W-2% La_2O_3 und W-2% CeO_2-Kathoden höhere Lichtbogentemperaturen erzeugen. Dieser Effekt ist auf die hohe Stromdichte an der Kathodenspitze infolge der höheren Schmelztemperatur von ThO_2 im Vergleich zu anderen Legierungselementen zurückzuführen.

2.5.4. Andere Möglichkeiten der Lichtbogen-Beeinflussung

Um Änderungen in der Schweißgeschwindigkeit, im Einbrandprofil sowie in der Lichtbogenstabilität zu erreichen,werden üblicherweise unterschiedliche Prozessgase und Gasmischungen verwendet. Für Aluminium-Werkstoffe werden beispielsweise Argon, Helium und stickstoffhaltige Gase eingesetzt, um eine Verbesserung der obengenannten Eigenschaften zu erzielen [4]. Wasserstoffhaltige Gase kommen bei hochlegierten Stählen zum Einsatz [53]. Mehrere Autoren untersuchten die Lichtbogeneigenschaften unter Einfluss verschiedener Prozessgase [162, 95, 97]. Tsai and Eager [162] berichten von einem veränderten Wärmeeintrag in das Werkstück durch die Beimischung von Helium in das Argon-Prozessgas beim WIG-Schweißen. Mittels Energieeintragsmessungen wiesen die Autoren für Argon-Helium-Gemische nach, dass die Wärmeverteilung an der Werkstückoberfläche einen höheren Maximalwert erreicht, als reines Argon [162]. Heliumhaltige Gase erzeugen nicht nur einen höheren Wärmeeintrag, sondern verändern auch das Strömungsverhalten des Lichtbogens und rufen niedrigere und breitere Staudruckprofile an der Werkstückoberfläche hervor [95]. Wasserstoffhaltige Gase erhöhen ebenfalls den Energieeintrag und die Plasma-Geschwindigkeit im Vergleich zu reinem Argon [97].

Eine weitere Möglichkeit der Lichtbogen-Beeinflussung ist der Einsatz eines externen Laserstrahls. Der energiereiche Laseransatzpunkt verursacht eine starke Evaporation an der Werkstückoberfläche, wodurch sich ein mit Metalldampf angereicherter Lichtbogen bildet. Da Metallatome eine geringere Ionisationsenergie als Argon besitzen, wird der Lichtbogen in Bereichen mit starker Metalldampfbildung gezwungen zu brennen [173]. Der Lichtbogen wird zwischen dem Kathodenansatz und dem Laseransatzpunkt fixiert. Aufgrund des erhöhten Metalldampfanteils sinkt die Brennspannung des Lichtbogens und infolge der Anodenerwärmung verbessert sich dessen Zündfähigkeit [44]. Mit Hilfe des Verfahrens der geteilten Anode wurde für Laser-beeinflusste WIG-Lichtbögen eine zwei- bis vierfache Erhöhung der Stromdichte im Vergleich zu frei brennenden WIG-Lichtbögen ermittelt [33]. Bei Aluminiumwerkstoffen ist unter WIG-Lasereinfluss eine Erhöhung der Nahtqualität und der Prozessgeschwindigkeit bei vergleichsweise geringer Streckenenergie möglich [45].

3. Zielstellung

Ziel dieser Arbeit ist es, den Einfluss der Konstruktionsmerkmale des Brenners auf die Lichtbogeneigenschaften und das Brennerverhalten mit Hilfe wissenschaftlich begründeter Diagnosemethoden zu untersuchen und daraus Konstruktionsprinzipien zur Brennerentwicklung abzuleiten. Aus dem aktuellen Stand der Technik (Kapitel 2) ergeben sich konkrete Fragen zum Einfluss der Brennerkonstruktion auf Brennererwärmung, Gasabdeckung und Lichtbogeneigenschaften, sowie entsprechende Anforderungen an die Diagnosemethoden.

Der Brenner wird durch den Lichtbogen belastet, einerseits durch den direkten Kontakt zur Wolframelektrode und andererseits durch Strahlung an dem Lichtbogen zugewandten Flächen. Die daraus resultierenden Wärmeflüsse in den Brenner, die zusammen mit der Widerstandserwärmung zum Verschleiß des Brenners führen, sollen in dieser Arbeit näher charakterisiert werden. Dazu ist eine Trennung der einzelnen Wärmequellen sowie eine Erfassung des Elektrodenverschleißes erforderlich. Eine Schweißverbindung wird durch ein Schmelzbad ausgebildet, das je nach Höhe der Stromstärke durch unterschiedliche physikalische Größen gekennzeichnet ist und durch die Zusammensetzung und Verunreinigung der Gasabdeckung beeinflusst wird. Um den Einfluss der Brennergestaltung auf Lichtbogeneigenschaften und Gasabdeckung überprüfen zu können, müssen Staudruck, Energieeintrag des Lichtbogens und Verunreinigung der Gasabdeckung an der Werkstückoberfläche erfasst werden. Da das Spektrum der Möglichkeiten zur Lichtbogenbeeinflussung breit ist, sollten die Diagnosemethoden möglichst vielfältige Parameter erfassen und in ihrer Einsetzbarkeit unter verschiedenen Bedingungen geprüft werden. Zudem sollten die Diagnosemethoden ausreichend sensitiv sein, um kleine Änderungen der Brenner- und Lichtbogeneigenschaften abbilden zu können.

Zum Nachweis des Einflusses der Brennerkonstruktion sowohl auf die Lichtbogeneigenschaften, als auch auf das Brennerverhalten sind folgende Fragen systematisch zu untersuchen:

- Wie beeinflusst die Kathodengeometrie den Wärmeeintrag in den Brenner und damit den Wirkungsgrad des Verfahrens?
- Wie beeinflusst Brennerneigung und Geometrie von Gasverteiler und Gasdüse die Gasabdeckung?
- Wie beeinflussen die Kathodenparameter (Geometrie und Werkstoff) die Lichtbogeneigenschaften an der Werkstückoberfläche?

- Wie beeinflussen externe Kräfte, wie externe Gasströmungen oder ein magnetisches Feld, die Lichtbogeneigenschaften an der Werkstückoberfläche?

Um die Veränderungen von Lichtbogeneigenschaften und Brennerverhalten möglichst umfassend abzubilden, müssen der Wärmeeintrag bzw. die Wärmeflüsse in den Brenner, die Kathodenstromdichte, die Verunreinigung der Gasabdeckung sowie Staudruck und Energieeintrag an der Werkstückoberfläche für die oben genannten Variationen der Brennerkonstruktion bestimmt werden. Die Diagnoseverfahren sollen zunächst für frei brennende WIG-Lichtbögen etabliert und später auf Sonderbrenner ausgeweitet werden. Zur Verifizierung der Diagnoseergebnisse sollen schließlich für ausgewählte Konstruktionsparameter vergleichende Schweißversuche durchgeführt werden.

4. Lösungsweg und Versuchsplan

Um die aus dem Stand der Technik abgeleiteten Fragenstellungen zu klären, sollen zunächst geeignete Diagnoseverfahren entwickelt bzw. etabliert werden, die den in Kapitel 3 genannten Anforderungen genügen. Aus den gewonnenen Versuchsergebnissen werden Konstruktionsprinzipien zur Brennerentwicklung abgeleitet, die schließlich zur Entwicklung von Lösungsansätzen zur Brennerkühlung und Lichtbogenbeeinflussung angewendet werden (Abb. 4.1).

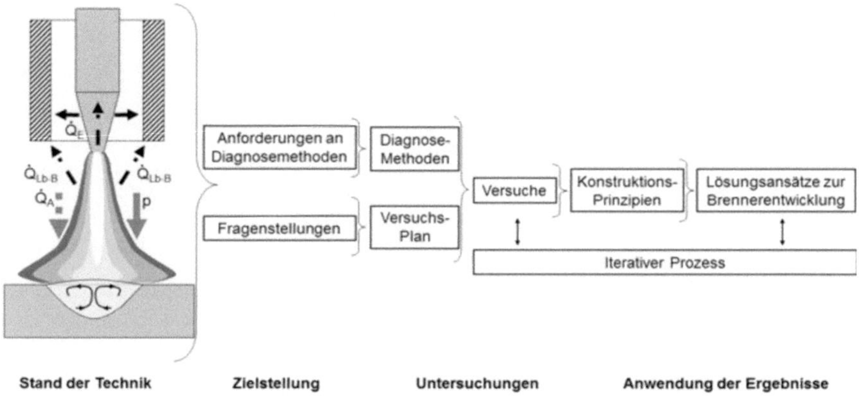

Abbildung 4.1.: Lösungsweg

Die Fragenstellungen zur Brennerkonstruktion umfassen den Einfluss auf das Verhalten des Brenners während des Schweißbetriebs und auf die Lichtbogeneigenschaften. Ausgehend vom Stand der Technik wurden Staudruck, Energieeintrag (Stromdichte und Wärmeeintrag), Kathodenstromdichte, Wärmeeintrag in den Brenner und Sauerstoffkonzentration als für die Untersuchung relevante Einflussgrößen festgelegt. Die kritische Analyse bestehender Konstruktionslösungen ergab, dass die bisher entwickelten WIG-Brenner sehr ähnlich aufgebaut sind. Alle WIG-Brenner verfügen über ein Klemmsystem zur Elektrodenhalterung, das mindestens aus drei Teilen besteht. Der Einsatz dieser Klemmsysteme (mit geschlitzter Spannhülse) hat sich mit der Weiterentwicklung der WIG-Technik nicht verändert.

Bei den Standard-WIG-Brennern unterscheiden sich moderne und ältere Konstruktionsvarianten kaum voneinander. Deshalb wurden die Versuche an einem Standard-WIG-Brenner der Serie SR unter gleichen Parametern durchgeführt, um die Abhängigkeit von Brennerverhalten und Lichtbogeneigenschaften darstellen zu können und die Vergleichbarkeit der Ergebnisse zu gewährleisten. Zur Untersuchung von Sonder-Brennerkonstruktionen wurden ein Brenner mit externer Gasströmung und ein Brenner mit einem Magnetfelderzeuger eingesetzt. Die verwendeten Brenner werden in den jeweiligen Kapiteln genauer beschrieben.

Tabelle 4.1 zeigt eine Zusammenstellung der Parametervariationen für den Standard-WIG-Brenner und die jeweils verwendeten Diagnosemethoden. Zur Bestätigung eigener Theorien zu Wärmetransport und -entstehung im Brenner werden zusätzliche Messungen des elektrischen Widerstands und der Temperatur von Gasdüse und Elektrode am Standard-WIG-Brenner durchgeführt (Abschnitt 5.1).

Die mit dem Standard-WIG-Brenner gewonnenen Erkenntnisse wurden exemplarisch an einer eigenen Brennerkonstruktion überprüft und bestätigt.

	Elektrodendurchmesser	Elektrodenplateau	Elektrodenwerkstoff	Elektrodenüberstand	Elektrodenspitze	Brennerneigung
Wärmeeintrag in den Brenner	x	x		x	x	
Kathodenstromdichte	x	x	x			
Staudruck	x	x	x			x
Stromdichte	x	x	x			
Wärmeeintrag	x	x	x			
	Düsen-Durchmesser	Gasverteiler-Geometrie				
Sauerstoffkonzentration	x	x				x

Tabelle 4.1.: Parametervariationen am Standard-WIG-Brenner

Für die Messungen mit dem Standard-WIG-Brenner wurden folgende Grundparameter definiert:

Elektrodenwerkstoff:	WL15 (Wolfram-Lanthan 1,5%)
Gasdüse:	10 mm Durchmesser
Gaszusammensetzung:	Argon 4.6
Gasmenge:	$8\ l \cdot min^{-1}$

Die verwendeten geometrischen Randbedingungen wie Lichtbogenlänge und Überstand der Elektrode (L1) sind in Abbildung 4.2 dargestellt.

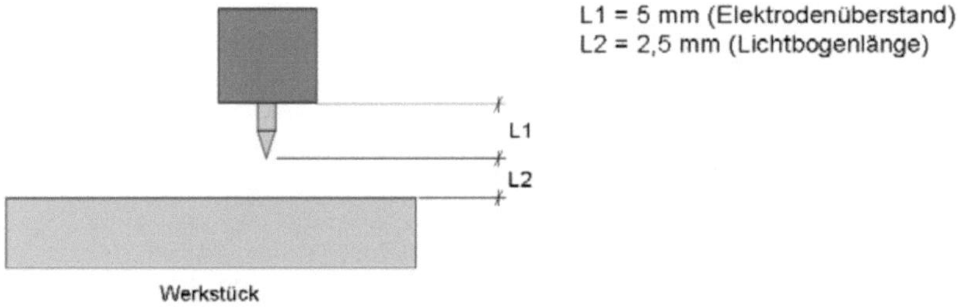

Abbildung 4.2.: geometrische Randbedingungen

Für die Versuchsreihen mit anderen Brennerkonstruktionen wurden die zu verändernden Parameter entsprechend des untersuchten Effekts ausgewählt (Tabelle 4.2).

Brenner mit externer Gasströmung	Gasmenge
Staudruck	x
Stromdichte	x
Brenner mit Magnetfelderzeuger	Magnetfeldstärke
Staudruck	x
Stromdichte	x

Tabelle 4.2.: Parametervariation für andere Brennerkonstruktionen

Als Stromquelle wurde eine Tetrix 521 der Firma EWM GmbH eingesetzt. Diese Stromquelle ist bei einer Einschaltdauer von 80% mit 520 A und bei 100% mit 450 A belastbar und liefert Strom mit geringer Restwelligkeit.

5. Diagnosemethoden

5.1. Geteilte Kalorimetrie-Messung am Brenner

Wie bereits in Abschnitt 2.4 beschrieben, ist ein Brenner mit nicht abschmelzender Elektrode im Betrieb stark thermisch belastet. Der Wärmeeintrag in den Brenner setzt sich zusammen aus dem Wärmetransport aus dem Lichtbogen, der im Brenner entstehenden Widerstandserwärmung und der thermischen Wechselwirkung zwischen den einzelnen Brennerkomponenten. Um diese komplexen Vorgänge zu untersuchen und zu quantifizieren, wird in der hier vorgestellten Methode der Beitrag möglichst jeder einzelnen Wärmequelle zum Gesamtwärmeeintrag ermittelt. Zur Bestimmung des Wärmeeintrags ist bei WIG-Brennern die Nutzung von zwei kalorimetrischen Kreisläufen sinnvoll. Der erste Kreislauf (Brennerkreislauf) enthält die elektrisch belasteten Elemente (Brennerkörper, Brennerkopf, Elektrode, Elektrodenhalter, Schlauchpaket), der zweite Kreislauf (Gasdüsenkreislauf) hingegen die Gasdüse als nicht elektrisch belastetes Element. Die Widerstandserwärmung der elektrisch belasteten Brennerkomponenten kann durch die Messung des Widerstands bestimmt werden. Die Differenz zwischen Gesamtwärmeeintrag und Widerstandserwärmung erlaubt damit eine indirekte Quantifizierung des Wärmeeintrags aus dem Lichtbogen in den Brenner. Diese Messmethode setzt jedoch voraus, dass die beiden Kalorimetrie-Kreisläufe elektrisch und thermisch voneinander sowie von der Umbebung getrennt sind. Abbildung 5.1 stellt den schematischen Aufbau der Versuchsanlage zur geteilten Kalorimetrie-Messung für einen WIG-Brenner dar. Im Brennerkreislauf wird der Wärmefluss gemessen, der sich aus der Widerstandserwärmung der Brennerkomponenten und dem Wärmefluss aus dem Lichtbogen in die Elektrode ergibt. Dagegen wird im Gasdüsenkreislauf der Wärmestrom aus Lichtbogen, Werkstück und Elektrode gemessen. Im Brennerkreislauf kann der Wärmestrom direkt im eingebauten Kühlkreislauf gemessen werden. Dafür müssen Vorlauf und Rücklauf thermisch voneinander getrennt werden. Zur kalorimetrischen Messung im Gasdüsenkreislauf wurde eine wassergekühlte Vorrichtung entwickelt, die mit einem Adapter direkt am WIG-Serienbrenner aufgeschraubt werden kann (Abb. 5.1). Diese wassergekühlte Vorrichtung besteht aus drei Teilen, einem Kühlkörper, einer mit dem Kühlkörper lösbar verbundenen Gasdüse und einem Trennelement. Die Vorrichtung muss, ausgenommen das Trennelement, eine gute Wärmeleitfähigkeit besitzen, um schnell große Wärmemengen zum Kühlmedium zu transportieren, weshalb Kupfer als Konstruktionswerkstoff verwendet wurde. Um den Einsatz der Vorrichtung möglichst flexibel zu gestalten, wurden einschraubbare Gasdüseneinsätze mit unterschiedlichen Durchmessern entwickelt. Das Trennelement besteht aus Keramik und wurde mit hitzebeständigem Silikonklebstoff in den Kühlkörper eingefügt. Diese Kombination aus Keramik und Silikon, beides Werkstoffe mit geringem Wärmeleitvermögen, bietet so gleichzeitig eine ausreichende thermische Isolierung zwischen den beiden Kalorimetrie-Kreisläufen.

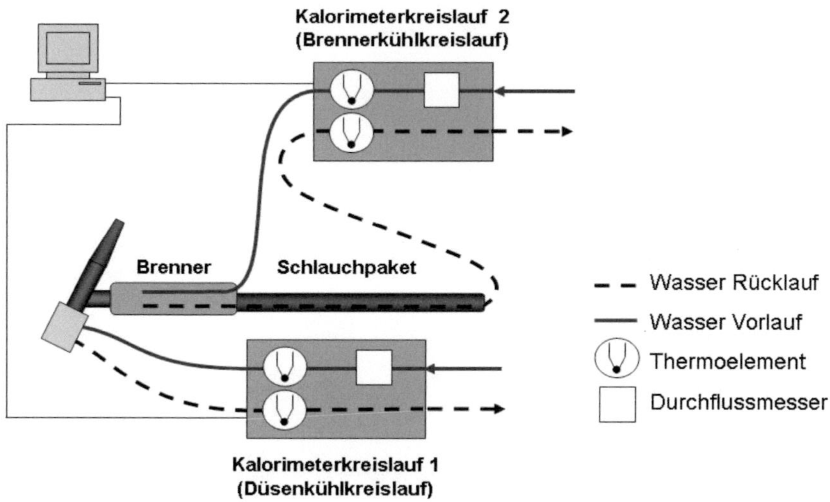

Abbildung 5.1.: schematische Darstellung des Versuchsaufbaus

Der Wärmefluss wird über den Massenstrom und die Wassertemperatur im Vor- und Rücklauf bestimmt. Dazu wurden Thermoelemente vom Typ K und eine Messturbine in der Wasserströmung eingebaut. Die Messsignale wurden zu messbaren Werten verstärkt und mit einem Messrechner erfasst (Abb. 5.1).

Untersuchungen über die Reproduzierbarkeit der Ergebnisse zeigten, dass für Messungen in den interessanten Bereich über 100 A ein relativer Fehler von weniger als 1,5 % erreichbar ist (Abb. 5.2) [52].

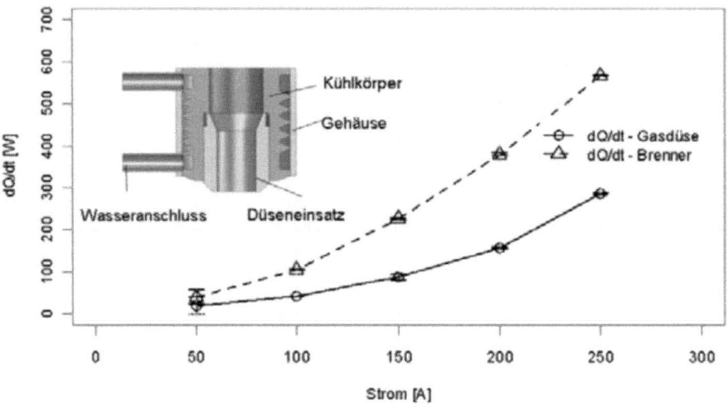

Abbildung 5.2.: Reproduzierbarkeit der geteilten Kalorimetrie-Messung für einen WIG-Brenneraufbau und schematischer Aufbau eines Gasdüsen-Kalorimeters (Insert)

5.2. Charakterisierung des Elektrodenverschleißes und der Kathodenstromdichte

Die Wolframelektrode eines WSG-Brenners verschleißt durch physikalische Wechselwirkungen an der Kathodenspitze bzw. durch den Wärmeeintrag aus dem Lichtbogen. In Bereichen mit sehr hohen Temperaturen ist die Elektronenemission am stärksten, was zu Veränderungen der Kathodenoberfläche führt. Anhand dieser Veränderungen bzw. Verschleißerscheinungen kann die Lichtbogenansatzfläche an der Kathode bestimmt werden [175]. Die Verschleißerscheinungen an der Wolframkathode gliedern sich in drei Bereiche (Abb. 5.3): die Kathodenspitze im ersten Bereich (B1), gefolgt von einem zweiten Bereich (B2) mit starker Materialabtragung und schließlich einem dritten Bereich (B3) mit vernachlässigbarer Materialabtragung, der durch Kristall- bzw. Dendritenbildung gekennzeichnet ist. Die unterschiedlichen Oberflächenzustände dieser drei Bereiche sind mittels Rasterelektronenmikroskopie deutlich erkennbar (Abb. 5.3).

Der erste Bereich (B1) ist durch eine poröse Oberfläche gekennzeichnet. In diesem Bereich herrscht die höchste Temperatur der Kathode und es dominiert die thermische Emission mit einer sehr hohen Kathodenstromdichte [167]. Der zweite Bereich (B2) weist eine ähnlich poröse Oberfläche wie B1 auf, ist jedoch feinstrukturierter. In B2 herrschen niedrigere Temperaturen als in B1, was infolge der Sekundäremission zu einer erhöhten Belastung der Kathodenoberfläche und einer starken Materialausdampfung führt [181, 182]. Der dritte Bereich (B3) besitzt die niedrigste Temperatur im Vergleich zu den anderen beiden Bereichen und eine vernachlässigbar kleine Stromdichte. In B3 beträgt die thermische Emission nur ca. 3 % der Emission an der Kathodenspitze. Die Berechnung erfolgte nach Gleichung 2.2 unter Berücksichtigung der Emissionsfläche. Zhou et al. [180] wies nach, dass die niedrigen Temperaturen in B3 die Bildung von Wolfram- und Thorium-Kristallen (Dendriten) durch Metallaufdampfung nur außerhalb der Lichtbogenansatzfläche ermöglichen. Der Lichtbogen beschränkt sich also hauptsächlich auf die Bereiche B1 und B2 [180].

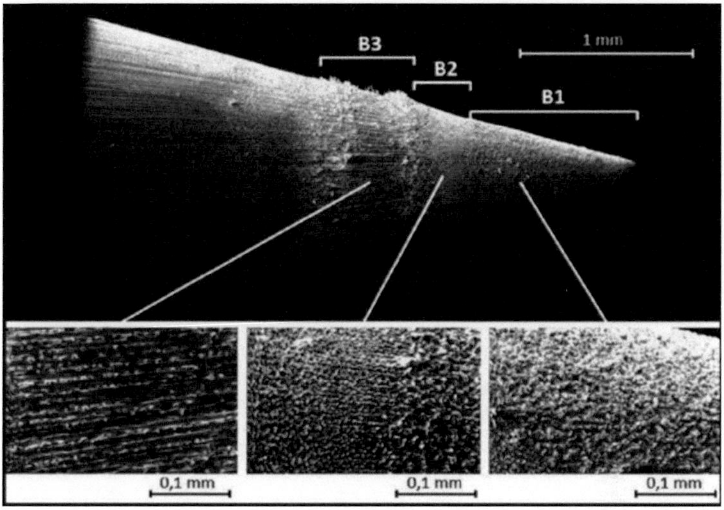

Abbildung 5.3.: Verschleißerscheinungen einer WL15 Kathode bei einer Stromstärke von 150 A und einer Schweißzeit von 30 min

In dieser Arbeit wurde der Lichtbogenansatzbereich nach Dauerschweißversuchen mikroskopisch vermessen (siehe Abb. 5.3), um quantitative Aussagen über die durchschnittliche Kathodenstromdichte bzw. Fokussierbarkeit des Lichtbogens an der Kathode treffen zu können.

Für die Dauerversuche im Rahmen dieser Arbeit brannte der Lichtbogen auf einer wassergekühlten Kupferplatte, was lange Lichtbogen-Brennzeiten ermöglicht. Voruntersuchungen ergaben, dass eine Versuchszeit von 30 min erforderlich ist, um die Verschleißbereiche deutlich voneinander abgrenzen zu können [146]. Durch längere Lichtbogenbrennzeiten wurden die Verschleißbereiche zwar noch stärker ausgeprägt, änderten sich jedoch nur unbedeutend in ihrer Länge. Durch die Veränderung der Schweißparameter entstanden unterschiedliche Verschleißbilder. Die Abbildung 5.4 zeigt die Länge der drei Verschleißbereiche einer Elektrode WL15 im Brenner SR18 unter 150 A Belastung. Die Messwerte aus fünf Versuchen mit identischen

Bedingungen weisen eine sehr geringe Abweichung auf, was zeigt, dass die Verschleißvorgänge an der Kathode für die jeweiligen Parameter reproduzierbar sind. Aufgrund dessen wurde für weitere Untersuchungen je eine Messung pro Versuchsparameter als ausreichend betrachtet.

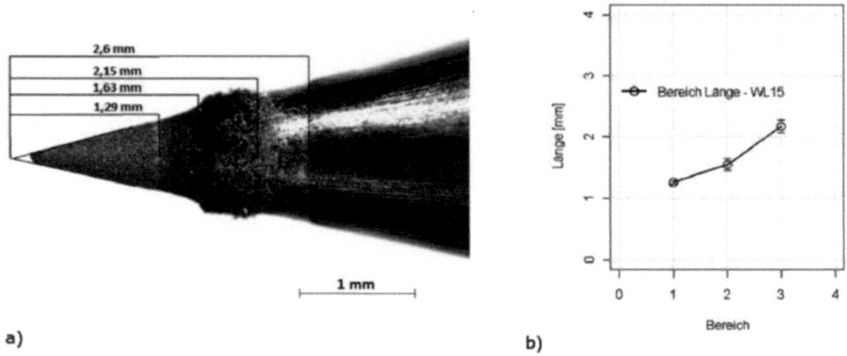

Abbildung 5.4.: Verschleiß einer WL15 Kathode im Brenner SR 18 unter 150 A Belastung und 8 $l \cdot min^{-1}$ Schutzgasmenge a) Verschleißbild; b) Darstellung der Länge des Verschleißbereichs (n=5)

5.3. Bestimmung der Lichtbogenströmung an der Werkstückoberfläche durch Staudruckmessung

Die Lichtbogenströmung wird durch eigenmagnetische Kompression erzeugt und kann durch Staudruckmessung an der Werkstückoberfläche bewertet werden [95, 177, 28]. Der Staudruck wird über einen piezoresistiven Drucksensor gemessen, der sich am Ende der Messbohrung auf der Unterseite des wassergekühlten Kupferwerkstücks befindet (Abb. 5.5). Die Staudruckverteilung des Lichtbogens ähnelt einer Gauß-Verteilung [160, 95]. Daher wird der Lichtbogen zentral über die Bohrung auf der Kupferplatte geführt und so der Staudruck in Abhängigkeit von der relativen Position zur Bohrungsachse gemessen. Das Wegsignal wird durch ein Linearpotentiometer aufgezeichnet (Abb. 5.5). Die Auflösung des Messergebnisses hängt unter anderem vom Durchmesser der Messbohrung ab. Lin und Eagar [95] verwedeten zur Staudruckmessung beim WIG-Schweißen von 200 A bis 600 A eine Bohrung mit 1 mm Durchmesser. Zur Messung von WIG-Lichtbögen mit niedrigerer Leistung unter 200 A und kurzen Lichtbogenlängen unter 3 mm ist die Ortsauflösung einer solchen Vorrichtung zu gering. Deshalb wurde der Bohrungsdurchmesser für den in dieser Arbeit beschriebenen Versuchsaufbau auf 0,5 mm reduziert. Aufgrund der dadurch steigenden fluiddynamischen Trägheit des Messsystems musste die Geschwindigkeit des Brenners stark verringert werden [63]. Bisher wurde von einer Rotationssymmetrie der Staudruckverteilung ausgegangen [160, 95, 177, 28], weswegen Staudruckmessungen nur in der Lichtbogenmitte durchgeführt wurden. Der Nachweis einer spiegelsymmetrischen Verteilung ist so jedoch nicht möglich. Zur Erweiterung der Messmethode wurde in dieser Arbeit deshalb der Staudruck bei Rasterbewegung des Brenners gemessen. Die jeweiligen Positions- und Druckwerte wurden in einer Datenmatrix erfasst und, um etwaige Ungenauigkeit durch die Führungsvorrichtung zu umgehen, durch kubische Splines interpoliert. Diese mathematische Methode ermöglichte die Bildung einer exakten Datenmatrix zur Abbildung des Staudrucks in einem dreidimensionalen Profil.

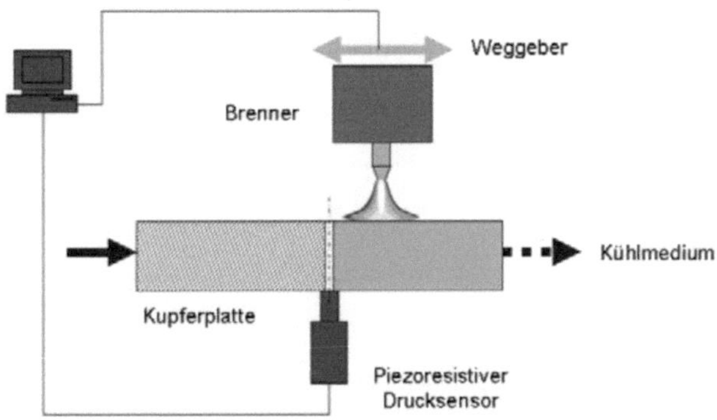

Abbildung 5.5.: Schematische Darstellung des Versuchsaufbaus zur Staudruckmessung an der Werkstückoberfläche

5.4. Sauerstoffkonzentrationsmessung an der Werkstückoberfläche

Die Funktion einer Gasabdeckung ist es, die Schmelze und die Wolframelektrode durch das Prozessgas vor Lufteinmischungen zu schützen. Luft ist ein Gasgemisch, das hauptsächlich aus Stickstoff und Sauerstoff besteht und im trockenen Zustand bei Normalnull (NN) stets einen Sauerstoffpartialdruck von 0,209 bar besitzt. Die Sauerstoffkonzentration kann mit Hilfe ZrO_2-dotierter Sonden (Lambdasonden) exakt bis in ppb-Bereich gemessen werden. In dieser Arbeit wurde die Sauerstoffkonzentration an der Werkstückoberfläche bestimmt und als Maß für den Anteil der Lufteinmischung in das inerte Schutzgas verwendet. Dazu wurde ein Teil des Gases aus dem Lichtbogen und der Gasabdeckung über eine Bohrung in der nicht abschmelzenden wassergekühlten Kupferplatte zu einer Messeinrichtung geleitet (Abb. 5.6) Das zu analysierende Gas wurde mit einem Volumenstrom von 0,12 $l \cdot min^{-1}$ durch eine 0,5 mm große Bohrung in der Kupferplatte abgesaugt und zur ZrO_2/YO_3-Sonde befördert. Da das zur Messung abgesaugte Volumen nur ca. 1 % des zum Schweißen üblichen Prozessgasvolumens beträgt, wird angenommen, dass keine Störung der Schutzgasabdeckung auftritt. Um die Verteilung der Sauerstoffkonzentration in der Gasabdeckung zu bestimmten, wurde ein Linearpotentiometer verwendet, das bei der Bewegung des Brenners die relative Position zur Messbohrung erfasst (Abb. 5.7). Die in zwei Achsenrichtungen durchgeführten Messungen ermöglichen die dreidimensionale Darstellung der Sauerstoffkonzentration einer Gasabdeckung. Zusätzlich konnte mit dieser Methode auch eine unsymmetrische Sauerstoffkonzentrationsverteilung bei geneigter Brennerführung gemessen werden. Zur präzisen Steuerung der Vorlaufbewegung der Messvorrichtung, der Anhaltezeit an jedem Messpunkt und der Datenerfassung wurde mit der Software DIAdem ein Messplan erstellt. Für die dreidimensionale Darstellung der Sauerstoffkonzentration wurden die jeweiligen Positions- und Konzentrationswerte in einer Datenmatrix erfasst und, wie bereits für die Staudruckmessung beschrieben, durch kubische Splines interpoliert. Damit können dreidimensionale Profile und Asymmetrien in der Sauerstoffkonzentrationsverteilung abgebildet werden.

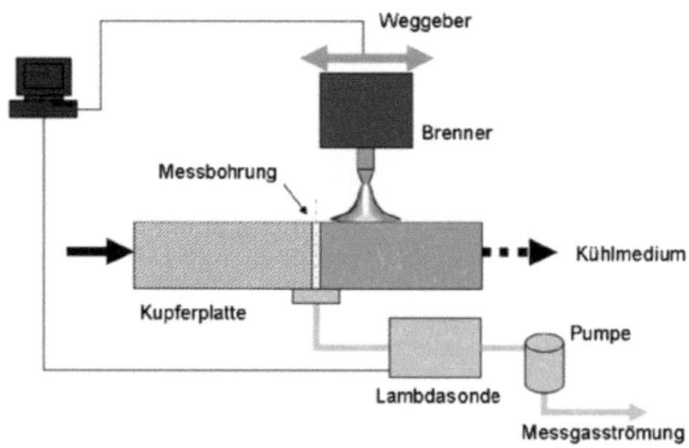

Abbildung 5.6.: schematische Darstellung des Versuchsaufbaus zur Sauerstoffkonzentrationsmessung an der Werkstückoberfläche

Sauerstoffmessungen am Brennerkopf wurden auch zur Ermittlung von Spülzeiten genutzt [64]. Dabei wurde nachgewiesen, dass laminare Strömungen zur Spülung der Gasleitung effektiver sind als turbulente Strömungen [64].

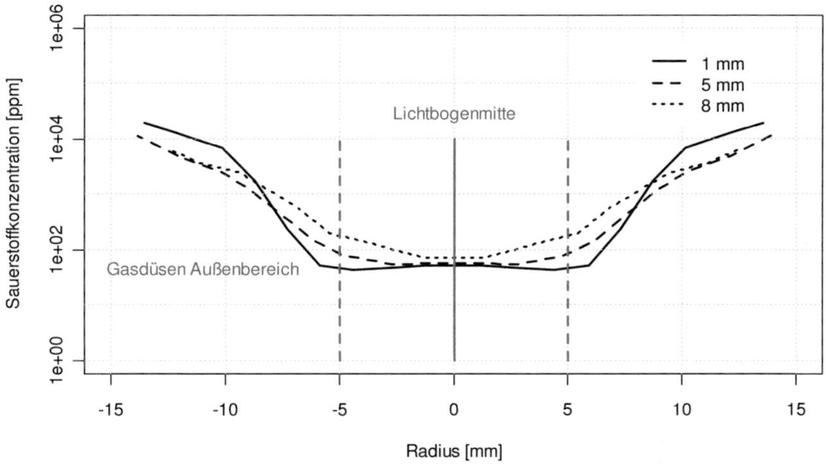

Abbildung 5.7.: Sauerstoffkonzentrationsverteilung in Abhängigkeit von der Lichtbogenlänge eines WIG-Brenners bei einem Schweißstrom von 100 A (gespiegelt) [62].

5.5. Messung des Energieeintrags in die Werkstückoberfläche

Der Wärmeeintrag in die Werkstückoberfläche ist, wie bereits in Abschnitt 2.2.3 beschrieben, abhängig von Elektronenrekombination, Strahlung, Konvektion und Wärmeleitung. Ein Messverfahren zur getrennten Messung von Stromdichte- und Wärmedichteverteilung an der Werkstückoberfläche wurde von Nestor [119] beschrieben. Im Rahmen dieser Arbeit wurde das Verfahren der geteilten Anode von Nestor in zwei Richtungen weiterentwickelt. Zum einen wurden Messapparatur und Steuerung verbessert und zum anderen ein Auswertungsprogramm für die Berechnung der Dichtenverteilung entwickelt.

Die in dieser Arbeit verwendete Messapparatur besteht aus zwei wassergekühlten Kupferplatten, die durch einen 0,1 mm dünnen, mit Glasfasern gefüllten Spalt thermisch und galvanisch voneinander getrennt sind. Das Kühlwasser verhindert das Anschmelzen der Platten und dient gleichzeitig als kalorimetrische Flüssigkeit zur Messung der Wärmeenergie. Im Betrieb passiert der Lichtbogen beide Platten senkrecht zum Trennspalt, wobei die Position des Lichtbogens zur Trennebene durch ein Linearpotentiometer erfasst wird (Abb. 5.8). Die Temperaturdifferenz von Vor- und Rücklauf wurde mit Hilfe von Thermoelementen bestimmt, die Messung der Wasserdurchflussmenge erfolgte durch Messturbinen. Gleichzeitig wurde in beiden Platten der Stromfluss gemessen. Aus dem Stromfluss und dem sich aus Temperaturdifferenz und Wassermassenstrom ergebenden Wärmefluss ließ sich die jeweilige Dichteverteilung berechnen.

Eine Reduzierung der Messdauer ist nur dann sinnvoll, wenn gewährleistet ist, dass an jedem Messpunkt ein thermodynamisches Gleichgewicht vorliegt. In dem hier vorgestellten Versuchsaufbau gelang eine erhebliche Verringerung der Messdauer im Vergleich zu früheren Arbeiten [162, 119] durch einen vom Wärmeflussgradienten gesteuerten Vorschub [63]. Sobald der Wärmeflussgradient einen bestimmten Grenzwert unterschreitet, wird der Brenner um einen definierten Abstand weiterbewegt. Zusätzlich wurde die Schrittweglänge für drei definierte Schweißstrombereiche voreingestellt. Damit waren Messungen von vergleichbarer Qualität, jedoch in einem Viertel der üblichen Messzeit möglich.

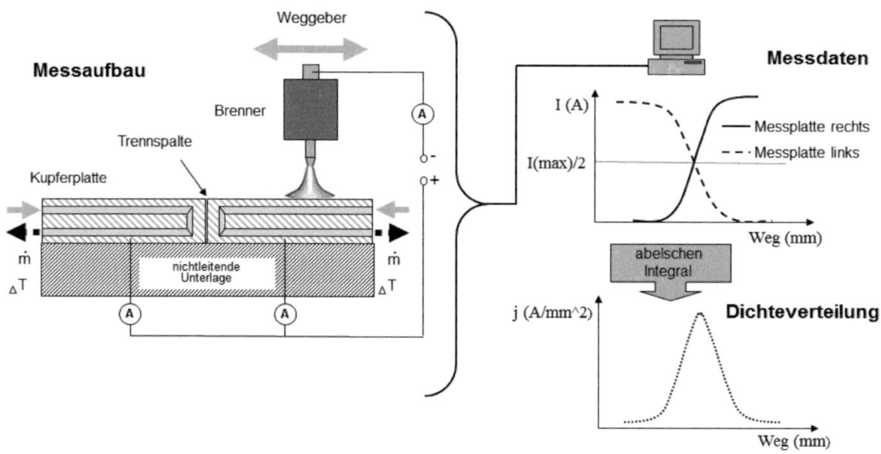

Abbildung 5.8.: Schematische Darstellung der Apparatur zur Messung des Energieeintrags in die Werkstückoberfläche (Verfahren der geteilten Anode)

Die Dichteverteilungen können mit diesem Versuchsaufbau jedoch nicht direkt bestimmt werden. Daher wird zunächst der Strom- und Wärmeverlauf experimentell erfasst und anschließend durch Approximation mit dem Abelschen Integral in die gesuchte Dichteverteilung transformiert (Gleichung: 5.1). Bei der Lösung des Abelschen Integrals besteht das Problem, dass die Eingangsgröße H(y) als Datensatz vorliegt. Die Tatsache, dass die Vorgänge an der Anode noch nicht vollständig erforscht sind, erschwert eine Regression der Messdaten bzw. die analytische Lösung des Integrals. Eine polynomische Approximation der Daten zur analytischen Lösung des Abelschen Integrals ist sehr anfällig für kleine Abweichungen der Messwerte [162]. Auch die Annäherung der Dichteverteilung durch eine Gaussverteilung liefert keine exakten Ergebnisse [119].

$$f(r) = -\frac{1}{\pi}\int_{r}^{R}\frac{d^2H(y)}{dy^2}\frac{1}{\sqrt{y^2-r^2}}dy \tag{5.1}$$

Ein gemessener Stromverlauf kann nicht nur durch die analytische, sondern auch durch die numerische Lösung des Abelschen Integrals transformiert werden [112, 124, 29, 118, 126]. Die von Nestor und Olsen [118, 119] entwickelte numerische Auswertungsmethode zeigt jedoch nur eine geringe Auflösung der Dichteverteilungshöchstwerte. Pretzler [126] bildete die gesuchte Dichteverteilung durch Serien von Kosinusfunktionen ab, berechnete deren Amplitude nach dem Prinzip des kleinsten Fehlerquadrats und übertrug diese auf abeltransformierte Serien der Messdaten. Diese sogenannte Fourier-Methode ist ableitungsfrei, erfordert keine Glättung der Messdaten und die Form der gesuchten Dichteverteilung kann für verschiedene physikalische Randbedingungen adaptiert werden [126]. Im Vergleich zu anderen Methoden zur Lösung des Abelschen Integrals weist die Fourier-Methode die kleinsten Abweichungen von den realen Dichteverteilungen auf [127] und wurde bereits erfolgreich zur Messung von Balmerlinien Hα in Kapillarentladungen von dichtem Plasma eingesetzt [158].

$$f(r) = \sum_{n=Ni}^{Nu} A_n f_n(r) \tag{5.2}$$

$$H(y) = 2\sum_{n=Ni}^{Nu} A_n \int_{y}^{R} f_n(r)\frac{r}{\sqrt{y^2-r^2}}dr \tag{5.3}$$

Im Rahmen dieser Arbeit wurde speziell für das Messverfahren der geteilten Anode ein Auswertungsprogramm, basierend auf der Fourier-Methode, entwickelt. Dieses Programm wurde mit Hilfe der frei zugänglichen Statistik-Software R erstellt [72] und enthält neben der Fourier-Methode zum Vergleich auch die Lösungsansätze der Spline-Interpolation und der Matrixmethode. Das Auftreten eines wegabhängigen elektrischen Widerstands im Versuchsaufbau der geteilten Anode verursacht bei schwach stabilisierten Lichtbögen einen unsymmetrischen Stromverlauf (Anhang; A.3). Grund hierfür ist die parallele Schaltung der Plattenwiderstände an der Trennebene, wodurch der Lichtbogen in diesem Bereich leicht abgelenkt wird. Das in dieser Arbeit entwickelte Auswertungsprogramm kompensiert den unsymmetrischen Stromverlauf mathematisch, indem es die Datensätze symmetrisch angleicht.

Die in dieser Arbeit angewendete Methode zur Bestimmung der Stromdichteverteilung, das Verfahren der geteilten Anode im Zusammenhang mit dem entsprechenden Auswertungsprogramm, ist sehr sensitiv und erlaubt es so, bereits kleinste Veränderungen der Stromdichte zu erfassen. Im Gegensatz dazu sind bei der Bestimmung der Wärmedichteverteilung mit dem Verfahren der geteilten Anode nur größere Änderungen in der Wärmedichte nachweisbar. Die geringe Sensitivität der Wärmedichtemessung ist auf Veränderungen an der Kathode und die Ablenkung des Lichtbogens an der Trennebene während der Messung zurückzuführen. Um dennoch für die hier untersuchten Parameter Unterschiede im Wärmeeintrag darstellen zu können, wurde der Gesamtwärmeeintrag an der Werkstoffoberfläche bestimmt. Dazu wurde lediglich eine der Messplatten im Aufbau der geteilten Anode verwendet.

6. Untersuchungen an einem Standard-WIG-Brenner

6.1. Brennerbeschreibung

Die in Kapitel 5 beschriebenen fünf Diagnosemethoden der geteilten Kalorimetrie am Brenner, der Elektrodenverschleißbestimmung, der Staudruckmessung, der Sauerstoffkonzentrationsmessung und der Energieeintragsmessung mittels geteilter Anode setzen definierte Brennereigenschaften voraus:

- Die Brennerkonstruktion muss unterschiedliche Elektrodendurchmesser zulassen,
- Die Einschaltdauer muss bei 100% liegen, da Messungen mit der geteilten Anode bis zu 30 min dauern können,
- Die geteilte kalorimetrische Messung am Brenner erfordert mehrere Kühlkreise, welche insbesondere in wassergekühlten Brennern leicht realisierbar sind.

Aus diesen Gründen wurde für die im Folgenden beschriebenen Messungen ein wassergekühlter Standard-WIG-Brenner SR-18 verwendet. Brenner der SR-Serie werden universell eingesetzt und daher von mehreren Brennerherstellern angeboten. Die Brenner SR-18 besitzen ein Elektroden-Befestigungssystem, das Elektrodendurchmesser von 0,8 bis 4,0 mm zulässt. Der hier verwendete Brenner ähnelt in Konstruktionsmerkmalen und Funktion den generell eingesetzten Brennerausführungen und liefert damit Ergebnisse, die auf eine große Bandbreite von WIG-Brennertypen übertragbar sind.

Kühlungsart:	Flüssigkeit
Belastbarkeit:	320 A DC / 230 A AC
Einschaltdauer	100%
Durchmesser der Wolframelektrode:	0,5 – 4,0 mm
Gasdüsenmaterial:	Keramik (Al_2O_3)
Schlauchpaket-Länge:	4 m

6.2. Wärmeeintrag in den Brenner

Zur Bestimmung des Wärmeeintrags in den Brenner wurde die geteilte Kalorimetrie-Messung am Brenner durchgeführt. Dazu wurde der Einfluss verschiedener Elektrodendurchmesser, Elektrodenspitzengeometrien und Überstände der Elektrode bei Stromstärken von 50 A bis 300 A untersucht.

6.2.1. Einfluss des Elektrodendurchmessers auf den Wärmeeintrag in den Brenner

Der Wärmeeintrag bei Elektrodendurchmessern von 1,6 mm - 2,4 mm und 3,2 mm wurde untersucht. In Abbildung 6.1 ist der Wärmeeintrag in den Brenner bei unterschiedlichen Elektrodendurchmessern in Abhängigkeit von der Stromstärke dargestellt. Der Wärmeeintrag steigt bei allen Elektrodendurchmessern progressiv in Abhängigkeit von der Stromstärke an. Der Wärmeeintrag in den Brennerkreislauf bleibt bei unterschiedlichen Elektrodendurchmessern nahezu unverändert, während der Wärmeeintrag in die Gasdüse mit zunehmendem Elektrodendurchmesser sinkt. Bei 160 A belastet ein Elektrodendurchmesser von 1,6 mm die Gasdüse um 82% stärker als ein Elektrodendurchmesser von 3,2 mm bei 300 A.

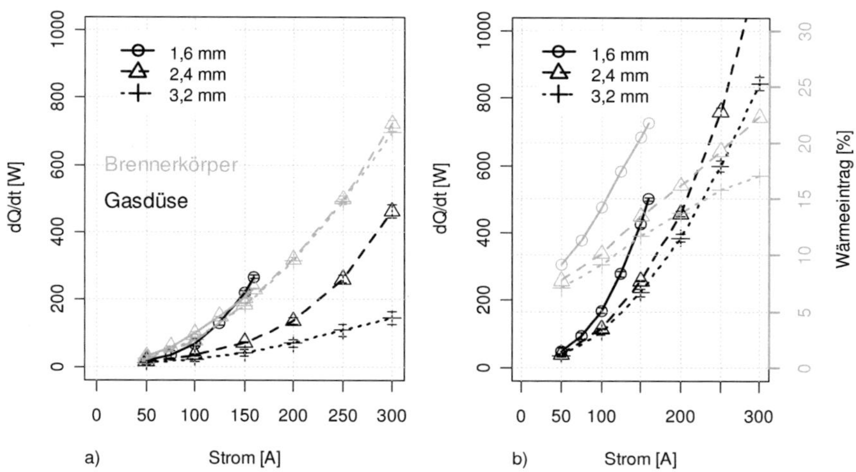

Abbildung 6.1.: a) Wärmeeintrag in den Brennerkörper (grau) und in die Gasdüse (schwarz) in Abhängigkeit von der Stromstärke bei unterschiedlichen Elektrodendurchmessern; b) Gesamtwärmeeintrag in den Brenner (schwarz) und Anteil des Wärmeeintrags in den Brenner an der Gesamtleistung in Abhängigkeit von der Stromstärke bei unterschiedlichen Elektrodendurchmessern (grau)

Der Gesamtwärmeeintrag in den Brenner ist stark abhängig vom Elektrodendurchmesser, wobei die Wärmeeintragsunterschiede nur an der Gasdüse feststellbar sind, nicht aber an der Elektrode (Brennerkreislauf). Mögliche Ursachen für die Wärmeeintragsunterschiede an der Gasdüse sind: erstens die Strahlung aus dem Lichtbogen aufgrund des veränderten Einstrahlwinkels und zweitens die verstärkte Wärmeabstrahlung der Kathode aufgrund deren erhöhter Temperatur. Der Anteil des Wärmeeintrags an der Gesamtleistung erhöht sich annähernd linear mit zunehmender Stromstärke und mit abnehmendem Elektrodendurchmesser verläuft dieser Anstieg noch steiler (Abb. 6.1 b). Bei einem Elektrodendurchmesser von 1,6 mm erreicht der Wärmeeintrag bei 160 A bereits 22% der Gesamtleistung, während mit einem Elektrodendurchmesser von 3,2 mm bei 300 A nur 17% der Gesamtleistung erzielt werden. Also wird bei kleineren Elektrodendurchmessern mehr Wärme in den Brenner eingetragen, welche durch Kühlung abgeleitet werden muss, folglich nimmt die thermische Brennerbelastung zu.

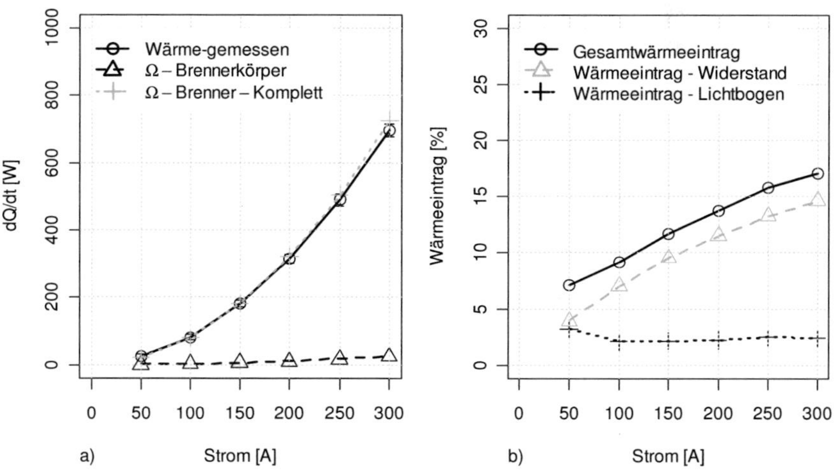

Abbildung 6.2.: a) Wärmeeintrag in den Brenner (Brennerkreislauf) bei einem Elektrodendurchmesser von 3,2 mm in Abhängigkeit von der Stromstärke: Vergleich von gemessenem Wärmeeintrag und berechneter Widerstandserwärmung; b) Anteil von Wärmeeintrag aus Wiederstandserwärmung und Wärmeeintrag aus dem Lichtbogen an der Gesamtleistung in Abhängigkeit von der Stromstärke bei einem Elektrodendurchmesser von 3,2 mm

Der Wärmeeintrag durch Widerstandserwärmung entspricht annähernd dem gemessenen Wärmeeintrag in den Brennerkreislauf (Abb. 6.2 a). Folglich kann der Wärmeeintrag in den Brennerkreislauf durch die Messung des Widerstands im Brenner bestimmt werden (Gleichung 6.1). Zur Widerstandsmessung im Brennerkörper (vom Anschluss des Brennerkörpers bis zur Spitze der Spannhülse) und im Schlauchpaket (vom Anschluss der Stromquelle bis zum Anschluss des

Brennerkörpers) wurde die 4-Draht-Methode eingesetzt.

Der Wärmeeintrag durch Widerstandserwärmung ist für den Brennerkörper verhältnismäßig gering im Vergleich zu dem vier Meter langen Schlauchpaket. Der Wärmeeintrag aus dem Lichtbogen in die Gasdüse wird hauptsächlich durch Strahlung verursacht. Bei SR-18 Brennern mit einem Elektrodendurchmesser von 3,2 mm steigt der Anteil des Wärmeeintrags durch Widerstandserwärmung parallel zum Gesamtwärmeeintrag an, wobei sich der Anteil des Wärmeeintrags aus dem Lichtbogen mit steigender Stromstärke nicht verändert (Abb. 6.2 b).

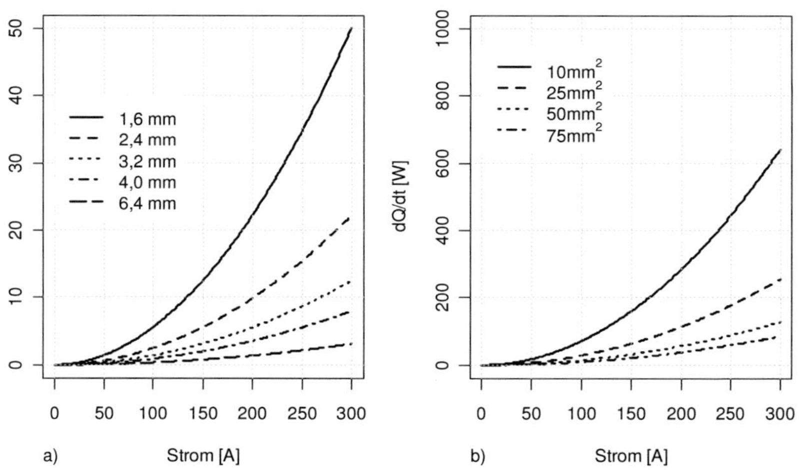

Abbildung 6.3.: a) Berechnete Widerstandserwärmung in Abhängigkeit von der Stromstärke für 30 mm lange Wolframelektroden mit unterschiedlichen Durchmessern; b) Berechnete Widerstandserwärmung in Abhängigkeit von der Stromstärke für 4 m lange Kupferleitungen mit unterschiedlichen Querschnittsflächen

$$P = I^2 R_w \tag{6.1}$$

Während die Widerstandserwärmung der Elektrode vernachlässigbar klein ist (siehe Abb. 6.3), beträgt die Widerstandserwärmung der Kupferleitung im Schlauchpaket 92% des Wärmeeintrags in den Brennerkühlkreislauf. Damit hat die Widerstandserwärmung der Kupferleitung im Schlauchpaket einen entscheidenden Einfluss auf die abzuführende Gesamtwärme im Brenner.

6.2.2. Einfluss der Elektrodenspitzengeometrie auf den Wärmeeintrag in den Brenner

Die Elektrodengeometrie wird im Allgemeinen verändert, um den Verschleiß der Elektrode zu verringern. Eine Geometrieänderung der Elektrodenspitze hat keinen Einfluss auf den Wärmeeintrag in den Brennerkreislauf bei einem Elektrodendurchmesser von 3,2 mm (Abb. 6.4). Damit lässt sich der Wärmeeintrag in den Brennerkreislauf unabhängig von der Elektrodenspitzengeometrie anhand der Widerstandserwärmung des Brenners berechnen. Auch die Gasdüsenerwärmung unterscheidet sich nicht zwischen Elektroden mit Plateau und spitzen Elektroden (Abb. 6.4 b). Im Gegensatz dazu ist der Wärmeeintrag in die Gasdüse bei 300 A und einem spitzen Elektrodenwinkel von 15° um 30% höher als bei einem Elektrodenwinkel von 30° bzw. 60° (Abb. 6.4a). Der Unterschied im Wärmeeintrag in die Gasdüse durch veränderte Elektrodenspitzenwinkel ist auf Veränderungen des Lichtbogenansatzes an der Kathode und den damit veränderten Einstrahlwinkel zwischen Lichtbogen und Gasdüse zurückzuführen.

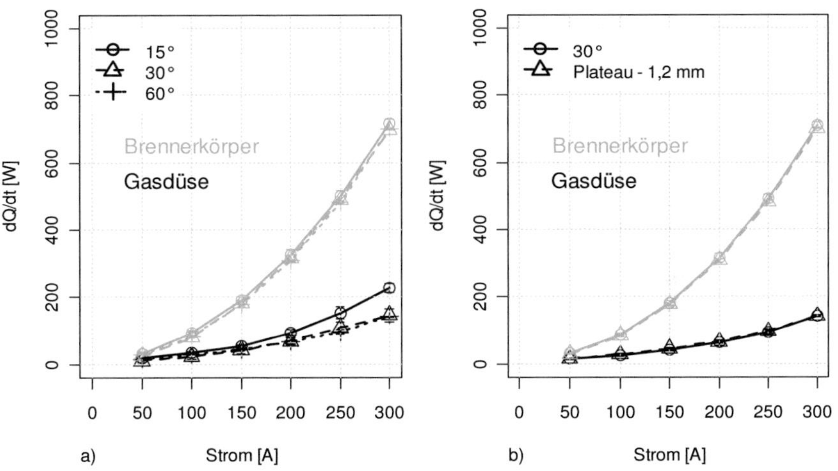

Abbildung 6.4.: Wärmeeintrag in den Brenner in Abhängigkeit von der Stromstärke a) für unterschiedliche Winkel der Elektrodenspitze; b) Vergleich von Elektrode mit Plateau und Spitzelektrode

6.2.3. Einfluss des Elektrodenüberstands auf den Wärmeeintrag in den Brenner

Um den Einfluss des Einstrahlwinkels zwischen Lichtbogen und Gasdüse auf den Wärmeeintrag in den Brenner zu untersuchen, wurde die Gasdüsenlänge und damit der Elektrodenüberstand verändert. Bei gleichbleibender Elektrodenlänge (von der Spitze bis zum Befestigungselement) und einem Elektrodendurchmesser von 3,2 mm wurde der Elektrodenüberstand von 10 mm bis 0 mm variiert. Mit steigendem Elektrodenüberstand sinkt der Wärmeeintrag und folglich die Strahlungsbelastung der Gasdüse (Abb. 6.5 a). Wenn die Elektrode hingegen mit der Gasdüse abschließt, brennt ein Teil des Lichtbogens innerhalb der Gasdüse, wodurch die Stahlungsbelastung am höchsten ist. In diesem Fall ist der Wärmeeintrag in die Gasdüse dennoch wesentlich geringer als bei einem Elektrodendurchmesser von 1,6 mm und einem Elektrodenüberstand von 5 mm. Daher ist anzunehmen, dass die erhöhte Elektrodentemperatur bei kleinen Durchmessern einen größeren Einfluss auf den Wärmeeintrag in die Gasdüse besitzt, als der Einstrahlwinkel zwischen Lichtbogen und Gasdüse.

Um den Einfluss der Elektrodentemperatur auf die Erwärmung der Gasdüse zu untersuchen, wurde die Temperatur am Übergang zwischen Elektrode und Gasdüse mit Hilfe einer Wärmebildkamera erfasst. Abbildung 6.5 b zeigt den Temperaturverlauf in der vertikalen Achse am Übergang zwischen Gasdüse und Elektrode. Die Temperatur im Übergangsbereich ist bei einem Elektrodendurchmesser von 1,6 mm um 300 K höher als bei einem Elektrodendurchmesser von 3,2 mm. Bei dem geringen Elektrodendurchmesser von 1,6 mm korreliert die hohe Temperatur der Elektrode mit einer hohen Temperatur der Gasdüse.

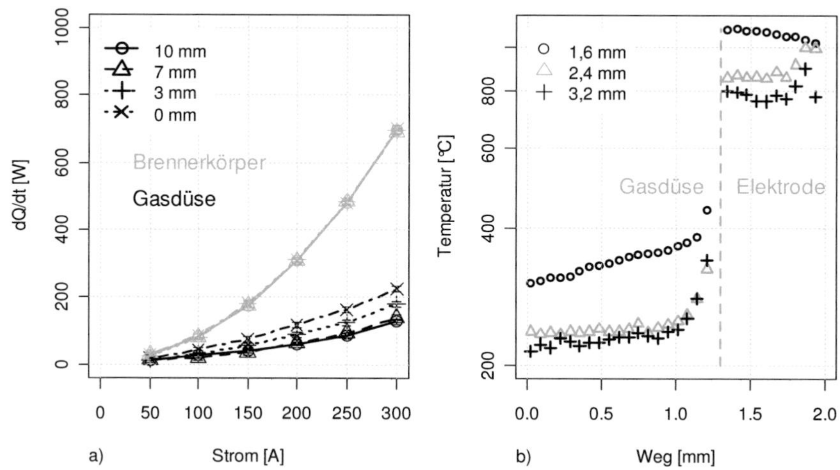

Abbildung 6.5.: a) Wärmeeintrag in den Brenner in Abhängigkeit von der Stromstärke bei unterschiedlichen Elektrodenüberständen; b) Temperaturverlauf am Übergang zwischen Gasdüse und Elektrode bei einer Stromstärke von 150 A für unterschiedliche Elektrodendurchmesser

6.3. Verschleiß an der Kathodenspitze und Kathodenstromdichte

Anhand der Verschleißerscheinungen an der Kathodenspitze wurde der Einfluss von Elektrodendurchmesser, Plateaudurchmesser und Elektrodenmaterial auf die Kathodenstromdichte untersucht. Der Verschleiß der Wolframkathoden durch den Schweißvorgang ist erst nach langen Lichtbogen-Brennzeiten eindeutig zu erkennen, weswegen Dauerversuche von 30 min durchgeführt wurden (siehe Abschnitt 5.2). Die Verschleißerscheinungen an der Elektrodenspitze wurden mit Hilfe von licht- und rasterelektronenmikroskopischen Aufnahmen charakterisiert. Zusätzlich wurden Lichtbogengestalt und -ansatz an der Kathode während des Versuchsvorgangs fotografisch dokumentiert.

6.3.1. Elektrodendurchmesser und Strombelastung

Eine Gegenüberstellung der Aufnahmen von Lichtbogen und Kathode nach 30 min Brennzeit zeigt, dass die Verschleißerscheinungen bei größeren Elektrodendurchmessern stärker ausgeprägt sind, als bei kleineren Elektrodendurchmessern (Abb. 6.6). Folglich wird der Verschleiß der Elektrode erheblich durch den Elektrodendurchmesser beeinflusst. Obwohl die Temperatur der Elektrode in Lichtbogenaufnahmen bei 1,6 mm Durchmesser am höchsten erscheint, ist der Verschleiß am geringsten (Abb. 6.6 a). In diesem Fall brennt der Lichtbogen durch die hohe Betriebstemperatur der Elektrode bis zum oberen Bereich des Elektrodenkegels. Dabei wird der gesamte Elektrodenkegel auf thermische Emissionstemperatur gebracht. Im oberen Bereich des Elektrodenkegels sind keine Oberflächenveränderungen nachweisbar, weswegen hier von einer geringen Stromdichte auszugehen ist (Abb. 6.6 b). Die durchschnittliche Stromdichte wurde anhand der Elektrodenverschleißfläche bestimmt (Abb. 6.7 a). Mit abnehmendem Elektrodendurchmesser sinkt nicht nur der Verschleiß, sondern auch die durchschnittliche Kathodenstromdichte. Ursache hierfür ist die hohe Temperatur bei geringen Elektrodendurchmessern, die eine Vergrößerung der thermischen Emissionsfläche und folglich eine Senkung der durchschnittlichen Kathodenstromdichte hervorruft. Eine Temperaturzunahme kann ebenfalls durch eine Erhöhung der Stromstärke erreicht werden. Bei höheren Stromstärken nimmt die thermische Belastung der Kathode zu, da der Kühleffekt der austretenden Elektronen nicht ausreicht, um den Wärmeeintrag zu kompensieren. Infolgedessen nimmt die Kathodentemperatur zu, womit sich die Austrittfläche der Elektronen an der Kathode vergrößert. Mit zunehmender Stromstärke erhöht sich die Lichtbogenansatzfläche jedoch überproportional, was zu einer Verringerung der durchschnittlichen Kathodenstromdichte führt (Abb. 6.7 b).

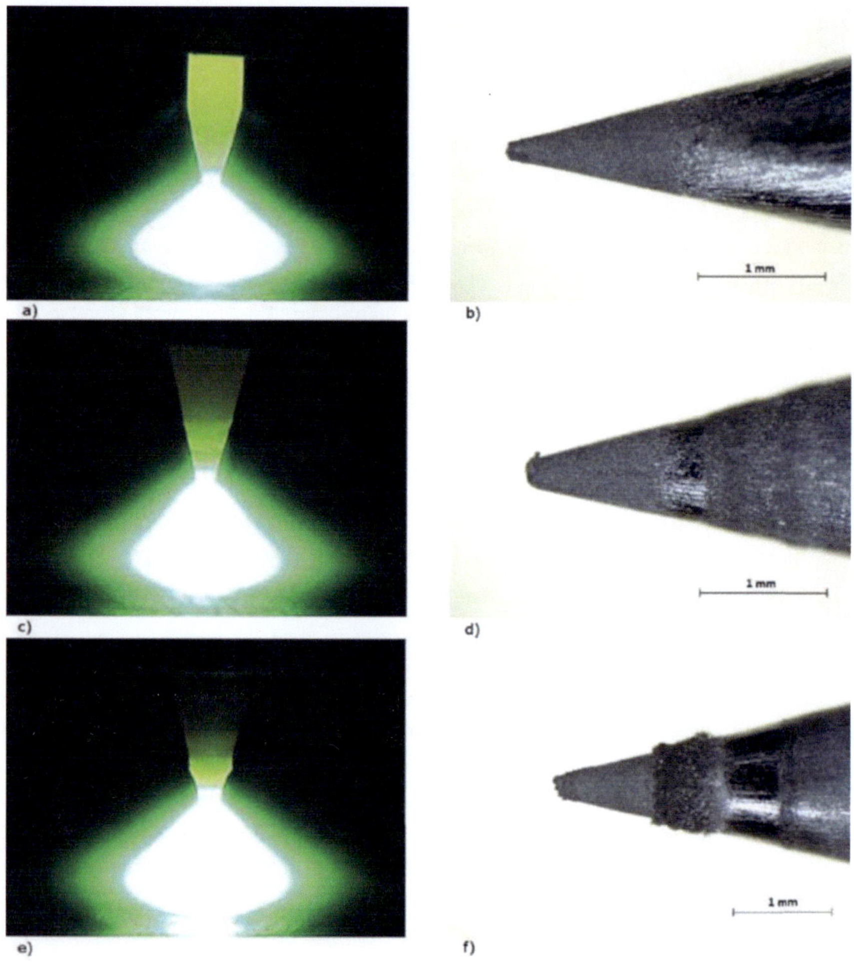

Abbildung 6.6.: Verschleiß bei 150 A Schweißstrom nach 30 min Brennzeit für unterschiedliche Elektrodendurchmesser: a,b) 1,6 mm; c,d) 2,4 mm; e,f) 3,2 mm; Aufnahmen von a,c,e) Lichtbogen und b,d,f) Elektrodenverschleiß

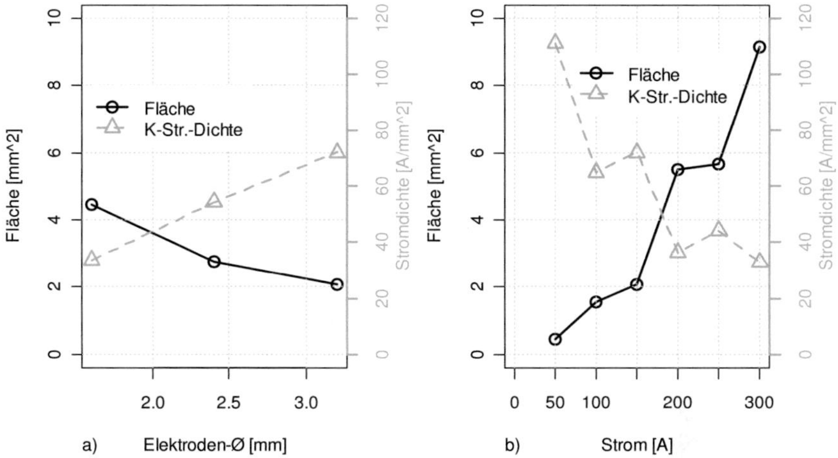

Abbildung 6.7.: Lichtbogenansatzfläche und durchschnittliche Stromdichte an der Kathode (Werkstoff WL15, Kathodenwinkel 30°); a) bei unterschiedlichen Elektrodendurchmessern; b) für verschiedene Stromstärken bei einem Elektrodendurchmesser von 3,2 mm

6.3.2. Plateaudurchmesser der Elektrode

Das Elektrodenplateau erhöht die Wärmeleitung in die Elektrode und verringert die Widerstanderwärmung am Elektrodenkegel. Je größer der Plateaudurchmesser, desto höher ist die Wärmeleitung in die Kathode und damit deren thermische Belastung durch den Lichtbogen (Abb. 6.8). Infolgedessen steigt mit zunehmendem Plateaudurchmesser die Kathodentemperatur an, was wiederum eine Verringerung der Kathodenstromdichte verursacht (Abb. 6.9 a).

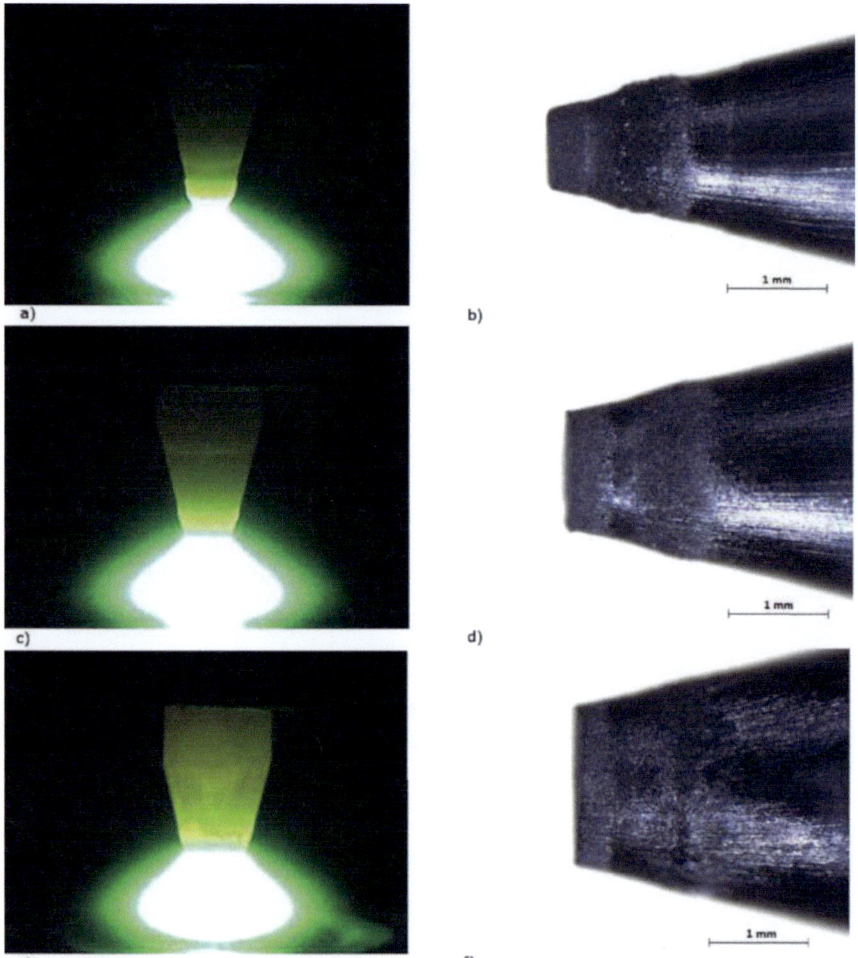

Abbildung 6.8.: Verschleiß bei 150 A Schweißstrom, Elektrodendurchmesser von 3,2 mm und 30 min Brennzeit für unterschiedliche Plateaudurchmesser: a,b) 0,8 mm; c,d) 1,2 mm; e,f) 1,6 mm; Aufnahmen von a,c,e) Lichtbogen und b,d,f) Elektrodenverschleiß

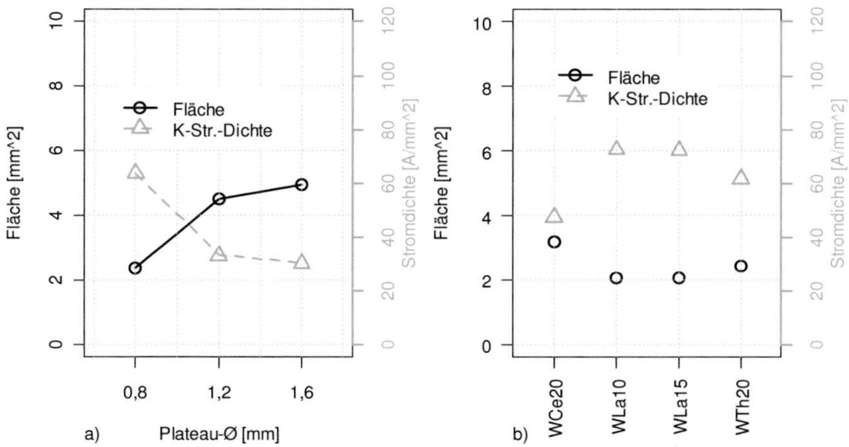

Abbildung 6.9.: Lichtbogenansatzfläche und durchschnittliche Kathodenstromdichte bei einem Kathodenwinkel von 30° und einem Elektrodendurchmesser von 3,2 mm; a) für unterschiedliche Plateaudurchmesser der Elektrode, Werkstoff WL15 ; b) für unterschiedliche Kathodenwerkstoffe

6.3.3. Elektrodenwerkstoff

Die der Wolframkathode zulegierten Elemente beeinflussen die Kathodentemperatur und die Kathodenstromdichte, indem sie die Elektronenaustrittsarbeit der Elektrode verringern. Lanthanierte Elektroden zeigten unter den in Abschnitt 5.2 beschriebenen Versuchsbedingungen im Vergleich zu thorierten und cerierten Elektroden die größten Kathodenstromdichten. Allerdings konnten bei lanthanierten Elektroden keine Unterschiede der durchschnittlichen Kathodenstromdichte in Abhängigkeit vom Legierungsgehalt festgestellt werden (Abb. 6.9 b). Cerierte Elektroden besitzen die niedrigste Kathodenstromdichte infolge ihrer vergleichweise niedrigen Schmelztemperatur des Dotierungselements. Diese Ergebnisse decken sich mit den von Ushio et al. [167] beschriebenen Experimenten, stehen jedoch im Gegensatz zu den von Tanaka et al. [154] berechneten maximalen Kathodenstromdichten für thorierte Elektroden. Diese fehlende Übereinstimmung ist damit zu erklären, dass Tanaka die Zersetzungsvorgänge der Legierungselemente in seinem Modell nicht berücksichtigt. Die Schmelztemperatur von Thoriumoxid ist zwar höher als die von Lanthanoxid, allerdings ist Lanthanoxid wesentlich stabiler [167].

Die hier untersuchten Wolframlegierungen zeigten kaum Unterschiede in der Verschleißform, die Größe der Verschleißbereiche variierte hingegen (Anhang, Abb. C.1).

6.4. Staudruck des Lichtbogens an der Anodenoberfläche

Der Einfluss von Elektrodendurchmesser, Zusatzlegierungselement und Kathodenspitzengeometrie auf den durch die Lichtbogenströmung erzeugten Staudruck an der Werkstückoberfläche wurde mit Hilfe der in Abschnitt 5.3 beschriebenen Methode untersucht. Die Staudruckverteilung verhält sich rotationssymmetrisch, wenn der Brenner senkrecht zur Werkstückoberfläche geführt wird. Im Schweißbetrieb wird der Brenner jedoch oftmals geneigt, wobei eine nicht-rotationssymmetrische Staudruckverteilung zu erwarten ist. Um ein solches Staudruckprofil dreidimensional abzubilden, wurde der Versuchsbrenner um 30° in seiner Achse geneigt und der Staudruck in einem Raster gemessen.

6.4.1. Elektrodendurchmesser

Der Elektrodendurchmesser beeinflusst die Lichtbogenströmung und damit auch die Staudruckverteilung. Bei größeren Elektrodendurchmessern wurden höhere Staudruckmaxima (Staudruck im Zentrum des Lichtbogens) beobachtet (Abb. 6.10 a). Dies ist darauf zurückzuführen, dass die Temperatur an der Elektrode mit zunehmendem Durchmesser geringer wird. Dadurch steigt die Kathodenstromdichte (siehe Abschnitt 6.3) und verursacht eine Steigerung der eigenmagnetischen Kompression an der Kathode und infolgedessen einen Anstieg der Strömungsgeschwindigkeit in der Lichtbogensäule.

Mit zunehmender Stromstärke steigen die Staudruckhöchstwerte zunächst kontinuierlich an, jedoch flacht dieser Anstieg allmählich ab, da sich die Kathode mit zunehmender Stromstärke erwärmt und damit die Kathodenstromdichte sinkt.

Die Kraft, welche durch die Lichtbogenströmung auf das Schmelzbad ausgeübt wird, ist ebenfalls vom Elektrodendurchmesser abhängig und kann wie folgt berechnet werden:

$$F_L = \int_0^r 2\pi p dr \tag{6.2}$$

Durch numerische Lösung dieses Integrals kann die Lichtbogenkraft auf das Schmelzbad berechnet werden. Bei einem Elektrodendurchmesser von 3,2 mm übt der Lichtbogen eine höhere Kraft auf die Schmelze aus, als bei kleineren Elektrodendurchmessern (Abb. 6.10 b). Trotz unterschiedlicher Verteilungshöchstwerte wirkt bei Elektrodendurchmessern von 2,4 mm und 1,6 mm eine vergleichbare Kraft auf die Werkstückoberfläche. Daraus kann abgeleitet werden, dass die Staudruckverteilung bei kleinen Elektrodendurchmessern (1,6 mm) flacher verläuft als bei größeren Elektrodendurchmessern (2,4 mm) (Abb. 6.13). Die Lichtbogenkraft steigt in Abhängigkeit zur Stromstärke progressiv an. Einen ähnlichen Kurvenverlauf konnten auch Lin und

Eager [95] bei einem Elektrodenspitzenwinkel von 30° feststellen. Allerdings waren die von Lin und Eager [95] ermittelten Werte für die Lichtbogenkraft bei 300 A um 60% höher als die in dieser Arbeit erzielten Daten, was auf Unterschiede in den verwendeten Lichtbogenlängen und Schweißbrenner-Konstruktionen zurückzuführen ist.

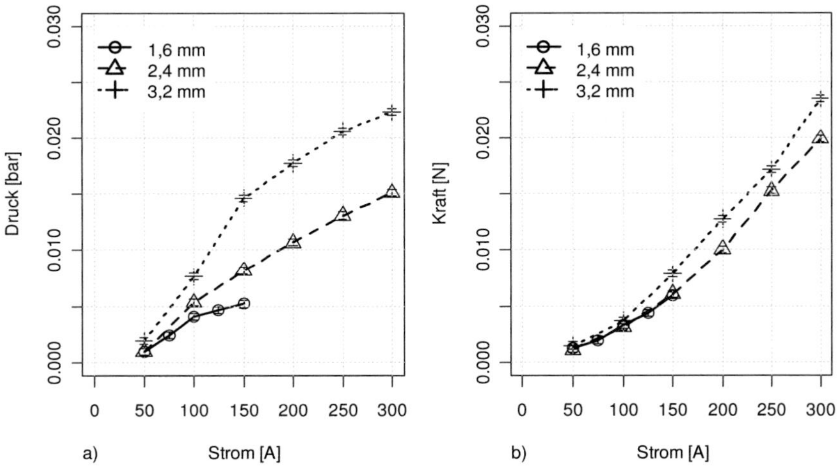

Abbildung 6.10.: Einfluss unterschiedlicher Elektrodendurchmesser auf a) die Staudruckmaxima und b) die von der Lichtbogenströmung auf die Werkstückoberfläche ausgeübte Kraft in Abhängigkeit von der Stromstärke

6.4.2. Plateaudurchmesser der Elektrode

Das Elektrodenplateau wird üblicherweise zur Verringerung des Elektrodenverschleißes eingesetzt. Mit zunehmendem Plateaudurchmesser verringert sich der Staudruck im Zentrum des Lichtbogens (Abb. 6.11). Bei einem Plateaudurchmesser von 1,6 mm ist der Staudruck nur halb so groß wie bei einer spitzen Kathode (Abb. 6.11a). Durch die Verwendung von Elektrodenplateaus mit Durchmessern von 0,8 mm bis 1,2 mm kann der Staudruck drastisch gesenkt werden. Zwischen Plateaudurchmessern von 1,2 mm und 1,6 mm sind die Staudruckveränderungen hingegen geringfügig.

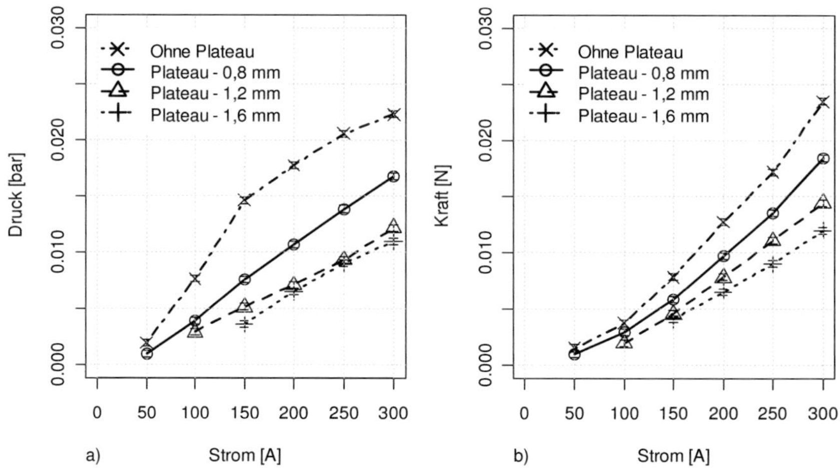

Abbildung 6.11.: Einfluss unterschiedlicher Plateaudurchmesser bei einem Elektrodendurchmesser von 3,2 mm auf a) die Staudruckmaxima und b) die von der Lichtbogenströmung auf die Werkstückoberfläche ausgeübte Kraft in Abhängigkeit von der Stromstärke

Die Verringerung des Staudrucks durch ein Elektrodenplateau ist auf eine Verringerung der durchschnittlichen Kathodenstromdichte zurückzuführen (Abb. 6.11 b). Spitze Elektroden und Elektroden mit einem Plateaudurchmesser von 0,8 mm besitzen zwar eine vergleichbare durchschnittliche Kathodenstromdichte, unterscheiden sich jedoch stark in ihrem Staudruck. Dieser Unterschied ist auf verschiedene Stromdichteverteilungen an der Kathode zurückzuführen. Zhou [182] wies gleiche Temperaturen für Elektrodenplateaus und spitze Elektroden nach. Jedoch verursacht der geringe Durchmesser des Emissionsbereichs einer spitzen Elektrode eine hohe eigenmagnetische Kompression. Die Lichtbogenkraft an der Werkstückoberfläche steigt in Abhängigkeit von der Stromstärke progressiv an, verringert sich jedoch mit zunehmendem Plateaudurchmesser (Abb. 6.11 b).

6.4.3. Einfluss des Elektrodenwerkstoffes

Dotierungselemente im Wolfram werden zur Steigerung der Zündfähigkeit und der Strombelastbarkeit bzw. zur Verschleißminderung eingesetzt, da sie die Elektronenaustrittsarbeit einer Kathode herabsetzen. Durch Staudruckmessungen konnte gezeigt werden, dass Dotierungen auch die Staudruckverteilung an der Werkstückoberfläche wesentlich beeinflussen (Abb. 6.12). Die Legierungen WL15, WC20 und WTh20 besitzen eine ähnliche Elektronenaustrittsarbeit von etwa 2,7 eV und nahezu identische Staudruckmaxima (Abb. 6.12 a). Reines Wolfram weist hingegen eine Elektronenaustrittsarbeit von 4,6 eV auf und erzeugt daher einen bedeutend höheren Staudruck als die dotierten Elektroden. Bei 200 A ist das Staudruckmaximum bei reinem Wolfram 30% höher als bei den untersuchten Legierungen. Dies könnte darauf zurückzuführen sein, dass die durch Dotierungen verringerte Elektronenaustrittsarbeit zu einer Vergrößerung der thermischen Emissionsfläche der Kathode und damit zu einer Abnahme der Kathodenstromdichte führt. Daraufhin sinkt die eigenmagnetische Kompression an der Kathode und folglich der Staudruck des Lichtbogens. Kathoden aus reinem Wolfram erreichen bereits bei 200 A an der Kathodenspitze Temperaturen von 4400 K [68]. Diese hohen Temperaturen sind notwendig, um eine ausreichende thermische Emission und damit einen stabilen Lichtbogen zu erhalten. Die hohe Elektronenaustrittsarbeit bei reinen Wolframkathoden verursacht eine hohe Stromdichte an der Kathodenspitze im Vergleich zu den untersuchten Legierungen mit niedrigerer Austrittsarbeit. Damit ist die thermische Belastung bei reinen Wolframelektroden höher als bei legierten Elektroden. Die Unterschiede in den Staudruckmaxima zwischen reinem Wolfram und den untersuchten Wolframlegierungen spiegeln sich jedoch nicht in der berechneten Lichtbogenkraft wider (Abb. 6.12 b). Ursache hierfür sind die unterschiedlichen Staudruckverteilungsprofile von reinen Wolfram- und legierten Wolframkathoden (Abb. 6.13 c). Bei reinen Wolframkathoden beschränkt sich die hohe Lichtbogenströmungsgeschwindigkeit und folglich der hohe Staudruck auf das Zentrum des Lichtbogens und fällt zu den Randbereichen hin stark ab. Im Gegensatz dazu sind die Staudruckunterschiede zwischen Zentrum und Randbereichen des Lichtbogens bei legierten Wolframelektroden geringer ausgeprägt. Folglich ist zwar die gesamte, auf die Werkstückoberfläche ausgeübte Kraft bei reinem Wolfram und den untersuchten Wolframlegierungen gleich, jedoch unterscheiden sich Maxima und Verteilungsprofile des Staudrucks erheblich.

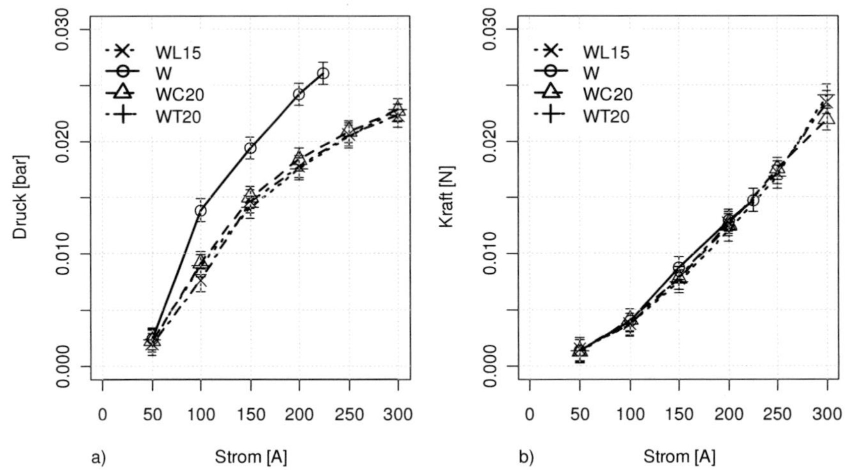

Abbildung 6.12.: Einfluss unterschiedlicher Wolframlegierungen bei einem Elektrodendurchmesser von 3,2 mm auf a) die Staudruckmaxima und b) die von der Lichtbogenströmung auf die Werkstückoberfläche ausgeübte Kraft in Abhängigkeit von der Stromstärke

6.4.4. Staudruckverteilungen

Die Staudruckverteilung eines Lichtbogens wird in der Literatur als Gaußverteilung angenommen [95]. Thurner [160] näherte die Staudruckverteilung zwei Gaußverteilungen an, jedoch ist diese Annahme nicht allgemeingültig. Abbildung 6.13 zeigt am Beispiel von drei verschiedenen Parametervariationen, erstens Durchmesser (Abb. 6.13 a vs b), zweitens Werkstoff (Abb. 6.13 a vs c) und drittens Plateau (Abb. 6.13 a vs d), dass Änderungen der Elektrodenparameter auch zu veränderten Staudruckverteilungsprofilen führen. Für hohe Stromstärken ab 250 A wurden bei spitzen Elektroden mit Durchmessern von 3,2 mm und 2,4 mm Veränderungen im Kurvengipfel der Staudruckverteilung festgestellt, die nicht mit zwei Gaußverteilungen abgebildet werden können. Bei 300 A bildet sich eine Einsattlung in der Staudruckverteilungskurve aus. Ursache hierfür ist die starke thermische Belastung der Kathode bei hohen Stromstärken, wodurch der Lichtbogenansatz an der Kathode in Richtung des Brenners wandert. An der Lichtbogenansatzstelle im oberen Bereich der Kathode herrscht eine hohe Stromdichte, so dass hier ein Teil der Gasströmung durch eigenmagnetische Kompression angesaugt und Richtung Werkstück beschleunigt wird. So entsteht ein Strömungsschatten des Lichtbogens unterhalb der Kathodenspitze, der die Einsattlung im Staudruckverteilungsprofil hervorruft.

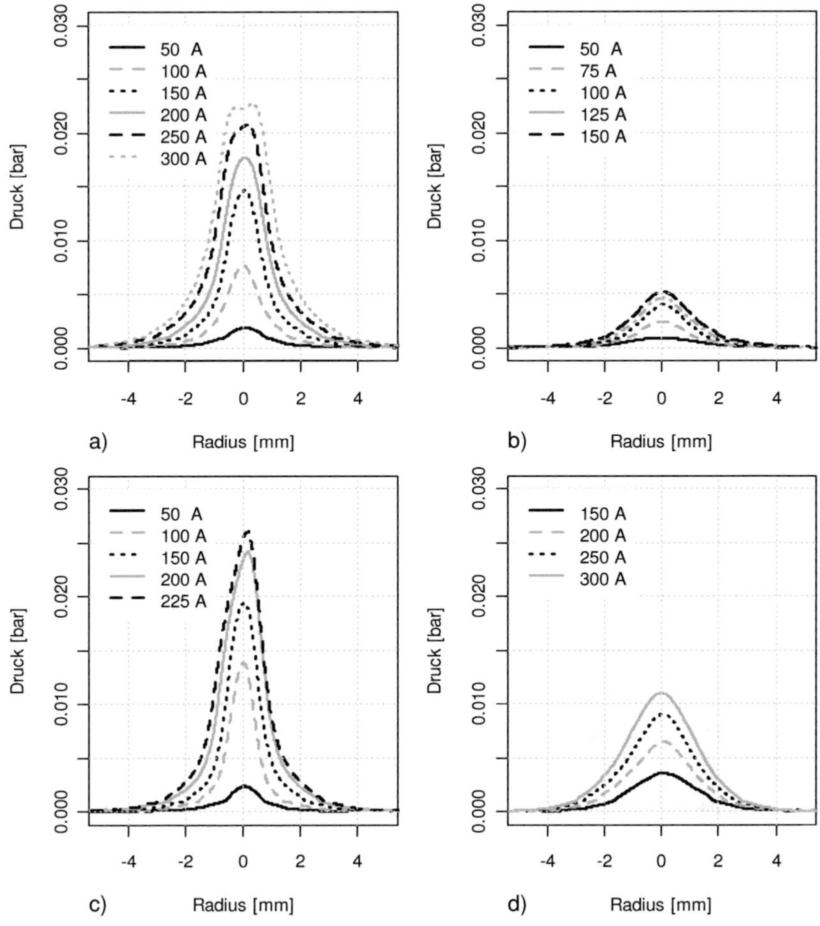

Abbildung 6.13.: Staudruck des Lichtbogens an der Werkstückoberfläche für unterschiedliche Stromstärken a) Elektrode WL15, Elektrodendurchmesser 3,2 mm; b) Elektrode WL15, Elektrodendurchmesser 1,6 mm; c) Elektrode W, Elektrodendurchmesser 3,2 mm; d) Elektrode WL15, Elektrodendurchmesser 3,2 mm mit 1,6 mm Plateaudurchmesser

Die Lichtbogenströmung ist bei einem frei brennenden Lichtbogen unter normalen Bedingungen rotationssymmetrisch. Wird der Lichtbogen durch externe Kräfte beeinflusst oder der Brenner in seiner Achse geneigt, können nicht-rotationssymmetrische Strömungsverhältnisse in der Lichtbogensäule entstehen. Abbildung 6.14 a zeigt ein dreidimensionales Staudruckprofil des Brenners SR-18 mit einer Neigung von 30° bei 150 A Stromstärke. Für die Messung wurde die

Elektrodenspitze direkt über der Messbohrung im 30° Winkel ausgerichtet. Infolge des Strömungsimpulses des Lichtbogens verschiebt sich das Staudruckmaximum um ca. 1,5 mm ausgehend von der Messbohrung. Der maximale Staudruckwert ist bei einer Brennerneigung von 30° niedriger als bei senkrechter Brennerposition, was daran liegt, dass mit dem Messaufbau hauptsächlich nur die senkrechte Komponente des Staudrucks der Strömung erfasst wird. Abbildung 6.14 b stellt das Staudruckfeld auf der Werkstückoberfläche dar. Die Verteilung auf der Werkstückoberfläche ist spiegelsymmetrisch, wobei die Druckbereiche jedoch in Strömungsrichtung spitz zulaufen. Ursache hierfür ist, dass die von der Kathodenspitze ausgehende Lichtbogenströmung durch die ungleichen Lichtbogenlängen auf der Ober- und Unterseite der Kathode und das Hindernis der Kathode unterschiedlich abgelenkt wird.

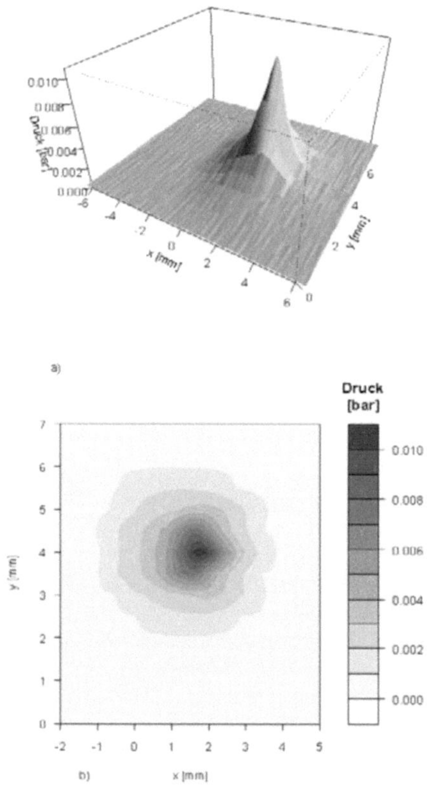

Abbildung 6.14.: Darstellung des Staudrucks eines Lichtbogen bei 150 A Stromstärke und einer Brennerneigung von 30° a) als dreidimensionales Staudruckprofil und b) als Staudruckfeld für den Brenner SR-18

6.5. Messung der Sauerstoffkonzentration

Die Messung der Sauerstoffkonzentration ermöglicht es, den Einfluss verschiedener Brennermerkmale und unterschiedlicher Prozessparameter auf die Kontaminierung der Gasabdeckung zu untersuchen. Die Sauerstoffkonzentration an der Werkstückoberfläche wurde mit Hilfe des in Abschnitt 5.4 vorgestellten Versuchsaufbaus bestimmt. Die Sauerstoffmessungen wurden wie in Abbildung 6.15 dargestellt, in einem Radius vom Zentrum des Lichtbogens bzw. der Elektrodenspitze (Radiusposition 0) in Richtung Gasdüsenrandbereich (Radiusposition 15) realisiert. Während bei einem senkrecht zur Werkstückoberfläche geführten Brenner die Messung der Sauerstoffkonzentration in einem Radius ausreicht, um die Sauerstoffkonzentrationsverteilung darzustellen, mussten bei einer Brennerneigung die Messungen auf den gesamten Gasdüsendurchmesser ausgedehnt werden, um Asymmetrien in der Gasabdeckung wiederzugeben. Die Sauerstoffkonzentrationsverteilung konnte durch Messungen der Sauerstoffkonzentration in einem Raster dreidimensional abgebildet werden.

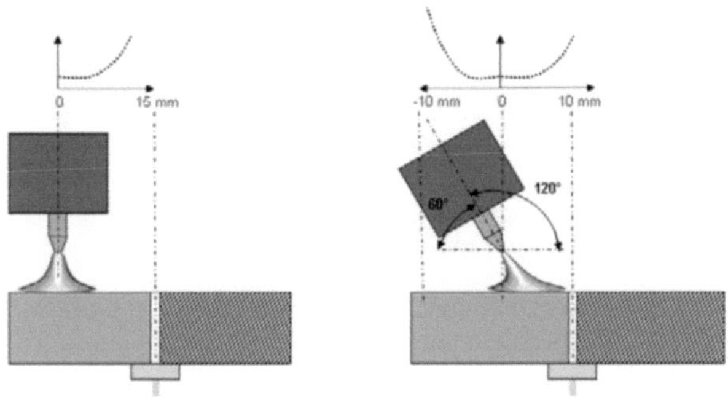

Abbildung 6.15.: Ablauf der Sauerstoffkonzentrationsmessung an der Werkstückoberfläche

6.5.1. Einfluss der Geometrie von Gasdüse und Gasverteiler auf die Gasabdeckung

Der Gasdüsendurchmesser besitzt einen großen Einfluss auf die Größe der Schutzgasabdeckung (Abb. 6.16 a). Mit zunehmendem Gasdüsendurchmesser vergrößert sich einerseits die Schutzgasabdeckung, andererseits nimmt auch die Einmischung von Umgebungsluft im Randbereich des Lichtbogens unter der Gasdüse zu. Letzteres ist darauf zurückzuführen, dass mit zunehmendem Gasdüsendurchmesser die Gasaustrittsgeschwindigkeit sinkt, wodurch im Randbereich des Lichtbogens verstärkt Umgebungsluft eindiffundiert, was die Erhöhung der Sauerstoffkonzentration erklärt. Um den Einfluss der Gasverteiler-Geometrie auf die Gasabdeckung zu untersuchen, wurde die Anzahl der radialsymmetrisch angeordneten Bohrungen am Gasverteiler verändert. Die Sauerstoffkonzentrationsmessungen erfolgten für Gasverteilervarianten mit zwei, vier (Standard) und acht Bohrungen. Abbildung 6.16 b zeigt, dass sich die Sauerstoffkonzentrationen bei Gasverteilern mit zwei und acht Bohrungen nicht wesentlich von denen eines Standard-Gasverteilers unterscheiden.

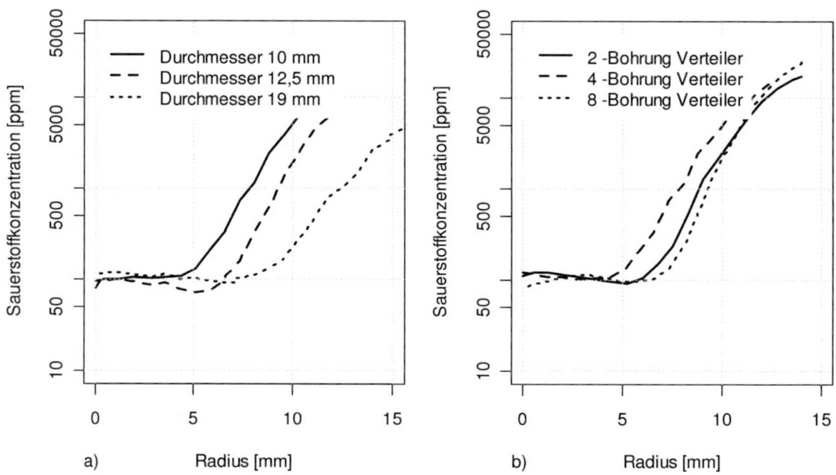

Abbildung 6.16.: Sauerstoffkonzentrationsverteilung an der Werkstückoberfläche bei einer Stromstärke von 150 A und einer Gasmenge von 8 $l \cdot min^{-1}$ für a) unterschiedliche Gasdüsendurchmesser und b) unterschiedliche Gasverteiler-Geometrien

Im Gegensatz dazu führen die verschiedenen Gasverteiler-Geometrien bei variierenden Gasmengen zu starken Veränderungen der Gasabdeckung (Abb. 6.17). Bei einem Standard-Gasverteiler (mit vier Bohrungen) bleibt die Sauerstoffkonzentration im Zentrum des Lichtbogens für Gasmengen von 5 $l \cdot min^{-1}$ bis 15 $l \cdot min^{-1}$ mit ca. 100 ppm nahezu unverändert. Hier wird die Gaszusammensetzung im Wesentlichen durch das an der Kathodespitze angesaugte Prozessgas bestimmt [62]. Bei geringen Gasmengen von 5 $l \cdot min^{-1}$ steigt die Sauerstoffkonzentration jedoch ausgehend vom Zentrum des Lichtbogens kontinuierlich in Richtung der Umgebung an. Im Gegensatz dazu bleibt die Sauerstoffkonzentration bei größeren Gasmengen aufgrund der verringerten Eindiffussion von Umgebungsluft unter dem gesamten Gasdüsenbereich unverändert niedrig (Abb. 6.17 a). Bei einem Gasverteiler mit acht Bohrungen verhält sich die Sauerstoffkonzentration der Gasabdeckung ähnlich. Allerdings ist diese Geometrievariante bei Verringerung der Gasmenge weniger anfällig für Lufteinmischungen als ein Gasverteiler mit vier Bohrungen (Abb. 6.17 b). Das ist auf die um die Hälfte verringerte Gasaustrittsgeschwindigkeit bei acht Bohrungen (im Vergleich zu vier Bohrungen) zurückzuführen, wodurch sich weniger Turbulenzen bilden und folglich auch weniger Luft unter der Gasdüse einwirbelt.

Die Lufteinwirbelung durch Turbulenzen infolge des mit zunehmender Gasmenge erhöhten Aufpralls der Gasströmung auf die Werkstückoberfläche bewirken einen steileren Anstieg der Sauerstoffkonzentra- tion außerhalb des Gasdüsenbereichs (Abb. 6.17 b).

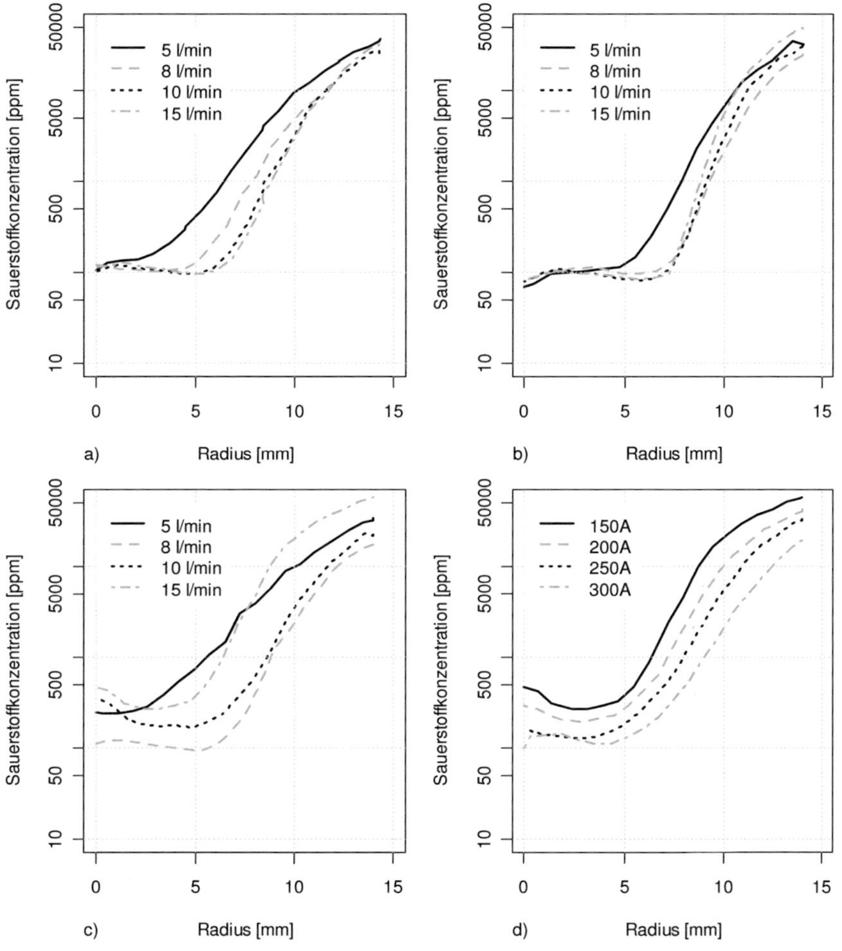

Abbildung 6.17.: Veränderung der Sauerstoffkonzentrationsverteilung an der Werkstückoberfläche a-c) durch Variation der Gasmenge bei einer Stromstärke von 150 A für a) vier Bohrungsverteiler, b) acht Bohrungsverteiler und c) zwei Bohrungsverteiler; d) durch Variation der Stromstärke für zwei Bohrungsverteiler mit einer Gasmenge von 15 $l \cdot min^{-1}$

Bei einem Gasverteiler mit zwei Bohrungen variiert die Gasabdeckung stark in Abhängigkeit von der Gasmenge (Abb. 6.17 c). Im Vergleich zur Standardausführung erzeugt ein Gasverteiler mit nur zwei radialen Bohrungen bei gleicher Gasmenge die doppelte Austrittsgeschwindigkeit der Gasströmung aus den Bohrungen. Die hohe Gasaustrittsgeschwindigkeit verursacht größere Turbulenzen, welche die Verunreinigung der Gasabdeckung erhöhen. Bei zwei Bohrungen und einer Gasmenge von 15 $l \cdot min^{-1}$ beträgt die Sauerstoffkonzentration im Zentrum des Lichtbogens bereits 500 ppm (im Vergleich zu 100 ppm bei einem Standard-Gasverteiler) und nimmt in Richtung Außenbereich der Gasabdeckung weiter zu (Abb. 6.17 c).

6.5.2. Einfluss der Stromstärke auf die Schutzgasabdeckung

Um zu zeigen, dass eine Zunahme der Lichtbogenströmung eine Stabilisierung der Gasabdeckung bewirkt, wurde die Sauerstoffkonzentration bei einem Gasverteiler mit zwei Bohrungen bei verschiedenen Stromstärken gemessen (Abb. 6.17 d). Mit steigender Stromstärke erhöht sich die Lichtbogengeschwindigkeit, wodurch der Einfluss der turbulenten Strömung auf die Gasabdeckung vermindert wird. Außerdem wird mit steigender Stromstärke durch die ebenfalls zunehmende eigenmagnetische Kompression verstärkt Schutzgas an der Kathode angesaugt und in Richtung Werkstück beschleunigt. Die Verunreinigung der Schutzgasabdeckung an der Werkstückoberfläche kann also durch eine Erhöhung der Lichtbogenströmung minimiert werden.

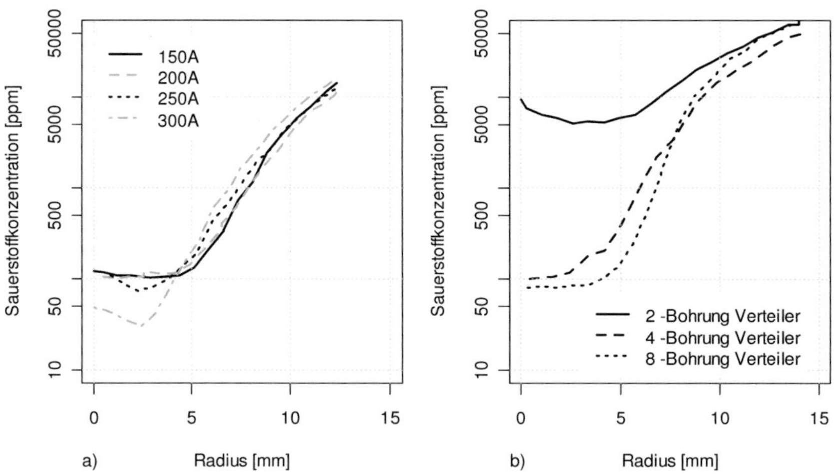

Abbildung 6.18.: Sauerstoffkonzentrationsverteilung bei einer Gasmenge von 8 $l \cdot min^{-1}$ a) für einen Gasverteiler mit vier Bohrungen bei unterschiedlichen Stromstärken; b) ohne Lichtbogen für unterschiedliche Gasverteiler-Geometrien

Bei hohen Turbulenzen ist eine Verbesserung der Gasabdeckung bereits durch eine geringe Erhöhung der Lichtbogenströmung deutlich erkennbar (Abb. 6.17 d). Bei der Standard-Gasverteilervariante tritt eine Verbesserung der Gasabdeckung hingegen erst bei Stromstärken über 250 A ein (Abb. 6.18 a). So wurde bei dem Standard-Gasverteiler die Sauerstoffkonzentration unter der Gasdüse bei einer Stromstärke von 300 A um ca. 60 ppm im Vergleich zur Sauerstoffkonzentration bei einer Stromstärke von 150 A gesenkt. Dieser positive Einfluss der Lichtbogenströmung auf die Gasabdeckung kann durch die Messung der Sauerstoffkonzentrationsverteilung ohne brennenden Lichtbogen zusätzlich hervorgehoben werden (Abb. 6.18 b). Für Gasverteiler mit vier und acht Bohrungen ähnelt die Sauerstoffkonzentrationsverteilung weitestgehend der bei Messungen mit einem 150 A Lichtbogen erhaltenen Verteilung. Im Gegensatz dazu zeigt die Schutzgasabdeckung bei einem Gasverteiler mit zwei Bohrungen ohne Lichtbogen eine Sauerstoffkonzentration von mehr als 5000 ppm, bei einem 150 A Lichtbogen beträgt sie nur ein fünfzigstel.

6.5.3. Einfluss der Brennerneigung auf die Schutzgasabdeckung

Um den Einfluss der Brennerneigung auf die Schutzgasabdeckung zu untersuchen, wurde die Sauerstoffkonzentrationsverteilung des Brenners SR-18 bei einer Brennerneigung von 30° bestimmt. Die Abbildung 6.19 zeigt, dass diese Brennerneigung eine nicht-rotationssymmetrische Sauerstoffkonzentrationsverteilung erzeugt.

Die Sauerstoffkonzentration ist über den gesamten Bereich unterhalb der Gasdüse gering. Auf der Seite des kleineren Winkels (60° zwischen Brenner und Werkstück) (Abb. 6.15) ist jedoch infolge des geringen Abstands zum Werkstück ein steiler Anstieg der Sauerstoffkonzentration ausgehend von der Gasdüsenkante zu verzeichnen. Im Gegensatz dazu verläuft der Sauerstoffkonzentrationsanstieg außerhalb des Gasdüsenbereichs auf der Seite des größeren Winkels von 120° zwischen Brenner und Werkstück (Abb. 6.15) flacher (Abb. 6.19). Dieser verzögerte Anstieg der Sauerstoffkonzentration ist darauf zurückzuführen, dass der größere Winkel zwischen Brenner und Werkstück mehr Raum zum Ausströmen des Prozessgases bietet und damit eine breitere Schutzgasabdeckung ermöglicht (Abb. 6.19). Die dreimdimensionale Darstellung zeigt, dass sich die Verteilung der Sauerstoffkonzentration senkrecht zur Neigungsebene des Brenners spiegelsymmetrisch verhält (Abb. 6.20).

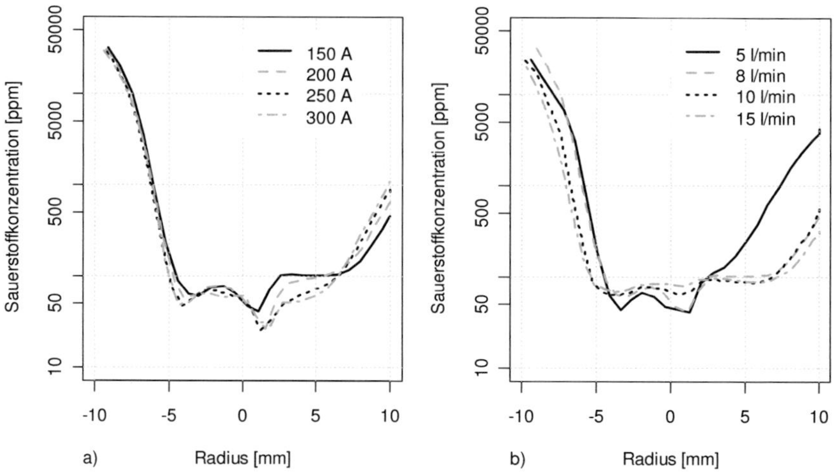

Abbildung 6.19.: Sauerstoffkonzentrationsverteilung des Brenners SR-18 mit einer Brennerneigung von 30° a) für unterschiedliche Stromstärken bei einer Gasmenge von 8 $l \cdot min^{-1}$ und b) für unterschiedliche Gasmengen bei einer Stromstärke von 150 A

Abbildung 6.19 a zeigt den Einfluss der Stromstärke und damit der Lichtbogenströmung auf die Verteilung der Sauerstoffkonzentration. Einerseits sinkt die Sauerstoffkonzentration mit zunehmender Stromstärke in dem Bereich, wo die Lichtbogenströmung auf die Werkstückoberfläche aufprallt. Andererseits steigt mit zunehmender Stromstärke die Sauerstoffkonzentration auf der Seite des größeren Winkels zwischen Brenner und Werkstück (Abb. 6.15) außerhalb des Gasdüsenbereichs steiler an. Dieser Effekt ist auf das verstärkte Ansaugen von Luft im oberen Bereich der Gasabdeckung bei höheren Stromstärken zurückzuführen.

Abbildung 6.19 b verdeutlicht, dass Gasmengen ab 8 $l \cdot min^{-1}$ keine Verringerung der Sauerstoffkonzentration bewirken. Anders als erwartet nimmt die Sauerstoffkonzentration sogar unterhalb der Gasdüse bei höheren Gasmengen leicht zu, möglicherweise aufgrund zunehmender Turbulenzen. Im Gegensatz dazu bleibt bei niedrigen Gasmengen von 5 $l \cdot min^{-1}$ die Sauerstoffkonzentration unterhalb der Gasdüse gering, nimmt aber ausgehend vom Lichtbogenrand auf der Seite des großen Winkels zwischen Brenner und Werkstück (Abb. 6.15) wesentlich stärker zu, als bei größeren Gasmengen. Ursache hierfür könnte die verstärkte Einmischung von Luft infolge der geringen Prozessgasgeschwindigkeit sein, was dazu führt, dass die Gasmenge nicht ausreicht, um eine entsprechende Schutzgaskonzentration zu gewährleisten.

Bisher wurden die Lufteinmischungen in die Gasabdeckung bei geneigten Brennern mit der Theorie des Injektorprinzips an der Seite des kleinen Winkels zwischen Brenner und Werkstück (Abb. 6.15) erklärt [18]. Im Fall der hier vorgestellten Ergebnisse konnte ein solcher Effekt nicht nachgewiesen werden. Ganz im Gegenteil, die Sauerstoffkonzentration unterhalb der Gasdüse ist für die untersuchten Parameter Stromstärke und Gasmenge auf der Seite des kleinen Winkels zwischen Brenner und Werkstück unverändert oder sogar niedriger als auf der Seite des großen Winkels. Diese Ergebnisse deuten auf eine Einmischung von Luft auf der Seite des großen Winkels zwischen Brenner und Werkstück hin, wohingegen das Injektorprinzip auf der Seite des kleinen Winkels zumindest bei einer Brennerneigung von 30° keine Rolle zu spielen scheint.

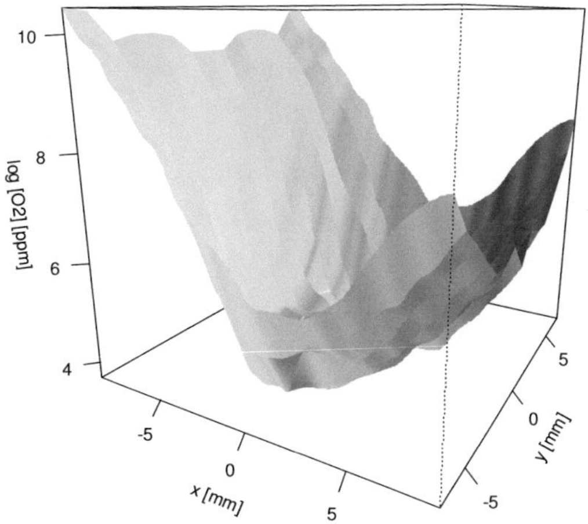

Abbildung 6.20.: Dreidimensionale Darstellung der Sauerstoffkonzentrationsverteilung für einen um 30° geneigten SR-18 Brenner bei einer Gasmenge von 8 $l \cdot min^{-1}$ und einer Stromstärke von 150 A

6.6. Energieeintrag an der Werkstückoberfläche

Der Energieeintrag des Lichtbogens wurde in Abhängigkeit von Elektrodendurchmesser, Plateaudurchmesser und Elektrodenwerkstoff untersucht. Ein Großteil des Energieeintrages an der Werkstückoberfläche wird durch den Aufprall der Elektronen auf die Werkstückoberfläche erzeugt. Der Stromverlauf an der Werkstückoberfläche wurde mit Hilfe des Verfahrens der geteilten Anode für die unterschiedlichen Parameter bestimmt und die Messdaten anschließend durch Abeltransformation in die gesuchte Stromdichteverteilung umgerechnet. Der Wärmeeintrag wurde über die Messung der Gesamtwärme an der Werkstückoberfläche (Anode) mittels Kalorimetrie erfasst.

6.6.1. Einfluss des Elektrodendurchmessers auf die Stromdichte an der Werkstückoberfläche

Die Stromdichteverteilung an der Werkstückoberfläche wird durch den Elektrodendurchmesser (Kathode) beeinflusst (Abb. 6.21). Elektroden mit größeren Durchmessern zeigen ab einer Stromstärke von 150 A höhere Stromdichtemaxima an der Werkstückoberfläche (Abb. 6.21 a). Ursache ist die mit zunehmendem Durchmesser erhöhte Stromdichte der Kathode (siehe Abschnitt 6.3). Infolgedessen wird an der Kathode eine höhere Lorentzkraft erzeugt, die eine Bündelung des Lichtbogens hervorruft und entlang der Lichtbogensäule in Richtung Anode abnimmt. Eine hohe Kathodenstromdichte führt somit, zumindest bei kurzen Lichtbogenlängen, auch zu einer Erhöhung der Stromdichte an der Anode bzw. an der Werkstückoberfläche. Elektroden mit geringem Durchmesser von 1,6 mm erwärmen sich mit zunehmender Stromstärke stärker als Elektroden mit einem Durchmesser von 2,4 mm oder 3,2 mm. Infolgedessen bleiben bei einem Elektrodendurchmesser von 1,6 mm die Stromdichtemaxima an der Werkstückoberfläche bei zunehmender Stromstärke annähernd konstant. Bei Elektrodendurchmessern von 2,4 mm und 3,2 mm nehmen die Stromdichtemaxima an der Werkstückoberfläche in Abhängigkeit von der Stromstärke zu. Abbildung 6.21 b zeigt, dass die Stromdichte an der Werkstückoberfläche bei 150 A mit zunehmendem Elektrodendurchmesser nur im Zentrum des Lichtbogens höher wird.

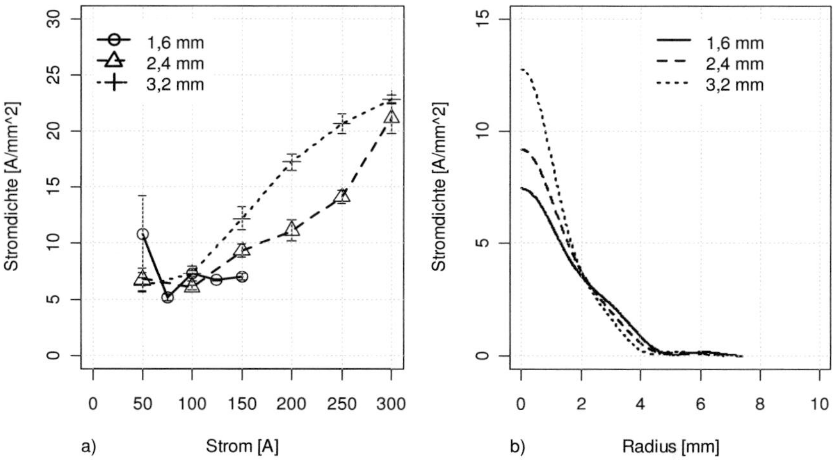

Abbildung 6.21.: Stromdichte für unterschiedliche Elektrodendurchmesser; a) Stromdichtemaxima im Zentrum des Lichtbogens in Abhängigkeit von der Stromstärke; b) Stromdichteverteilung an der Kathode bei einem 150 A Lichtbogen

6.6.2. Einfluss von Plateaudurchmesser und Elektrodenwerkstoff auf die Stromdichten an der Werkstückoberfläche

Der Plateaudurchmesser an der Kathode und der Elektrodenwerkstoff beeinflussen die Stromdichteverteilung an der Anode (Abb. 6.22). In Abbildung 6.22 a sind die Stromdichtemaxima für unterschiedliche Plateaudurchmesser und für unterschiedliche Elektrodenwerkstoffe dargestellt. Die Stromdichtemaxima an der Werkstückoberfläche steigen, unabhängig vom verwendeten Plateaudurchmesser, mit zunehmender Stromstärke an (Abb. 6.22 a). Bei Elektroden ohne Plateau und Elektroden mit einem Plateaudurchmesser von 0,8 mm verläuft dieser Anstieg der Stromdichtemaxima an der Werkstückoberfläche in Abhängigkeit von der Stromstärke ähnlich. Hingegen führen Elektrodenplateaus mit Durchmessern ab 1,2 mm zu einer Verringerung der Kathodenstromdichte und folglich zu vergleichsweise kleineren Stromdichtemaxima an der Werkstückoberfläche. Die Elektrodenwerkstoffe WL15, WC20 und WTh20 erzeugen unterschiedliche Kathodenstromdichten (siehe Abschnitt 6.3) und beeinflussen somit ebenfalls die Stromdichtemaxima an der Werkstückoberfläche (Abb. 6.22 b). Generell nehmen die Stromdichtemaxima an der Werkstückoberfläche mit steigender Stromstärke zu. Bei reinen Wolframelektroden erfolgt jedoch eine Stagnation der Stromdichtemaxima ab einer Stromstärke von 150 A. Ursache ist eine Formveränderung (Verschmelzung) der Kathodenspitze infolge der starken thermischen Belastung durch die hohe Elektronenaustrittsarbeit beim Schweißvorgang.

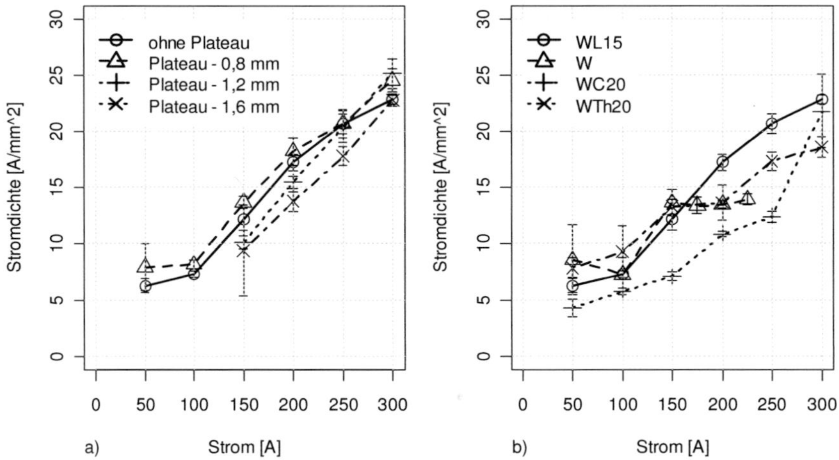

Abbildung 6.22.: Stromdichtemaxima in Abhängigkeit von der Stromstärke bei einem Elektrodendurchmesser von 3,2 mm a) für unterschiedliche Plateaudurchmesser; b) für unterschiedliche Elektrodenwerkstoffe

Interessanterweise wurden bei geringen Stromstärken von 50 A für reine Wolframelektroden und Elektrodendurchmesser von 1,6 mm höhere Stromdichtemaxima an der Werkstückoberfläche gemessen, als bei Stromstärken von 100 A. Sowohl reine Wolframelektroden, als auch Elektroden mit 1,6 mm Durchmesser erzeugen eine hohe Lichtbogenspannung (Anhang A). Möglicherweise bleibt die Anodentemperatur bei 50 A jedoch gering, was zu einer starken Kontraktion des Lichtbogenansatzes an der Werkstückoberfläche und dort folglich zu einer erhöhten Stromdichte führen könnte.

6.6.3. Einfluss des Elektrodendurchmessers auf den Wärmeeintrag an der Werkstückoberfläche

Der Wärmeeintrag an der Werkstückoberfläche steigt annähernd linear mit zunehmender Stromstärke (Abb. 6.23 a). Der Gesamtwärmeeintrag an der Werkstückoberfläche ist für die untersuchten Elektrodendurchmesser annähernd gleich, jedoch sind Unterschiede im Wirkungsgrad des Schweißverfahrens in Abhängigkeit vom Elektrodendurchmesser zu beobachten (Abb. 6.23 b). Generell sinkt der energetische Wirkungsgrad mit zunehmender Stromstärke. Bei geringen Stromstärken von 50 A bis 100 A ist der energetische Wirkungsgrad bei einem Elektrodendurchmesser von 1,6 mm höher als der Wirkungsgrad bei größeren Elektrodendurchmessern von 2,4 mm oder 3,2 mm. Dieser höhere Wirkungsgrad bei 1,6 mm Elektrodendurchmesser und geringen Stromstärken könnte auf die höhere Brennspannung zurückzuführen sein (Anhang, Abb. A.1 a). Abbildung 6.23 b zeigt, dass der Wirkungsgrad insbesondere bei einem Elektrodendurchmesser von 1,6 mm mit zunehmender Stromstärke von 50 A bis 150 A stark abfällt. Dieser starke Abfall ist auf den niedrigen Beitrag der Konvektion zum Gesamtenergieeintrag an der Werkstückoberfläche infolge des geringen Staudrucks zurückzuführen. Bei Elektrodendurchmessern von 2,4 mm und 3,2 mm sinkt der Wirkungsgrad mit zunehmender Stromstärke von 50 A bis 300 A um 30%. Ursachen für die starke Verringerung des Wirkungsgrades bei steigender Stromstärke sind die erhöhten Verluste durch Widerstandserwärmung im Brenner und die Energieabgabe vom Lichtbogen an die Umgebung.

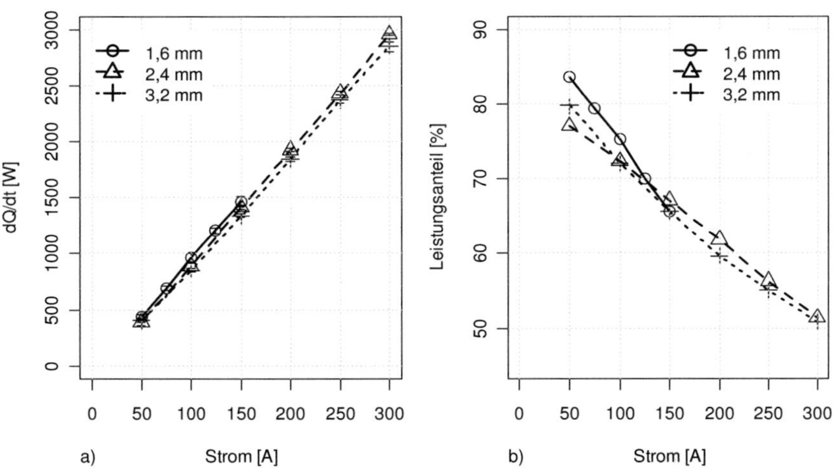

Abbildung 6.23.: Einfluss des Elektrodendurchmessers auf a) den Gesamtwärmeeintrag an der Werkstückoberfläche und b) den energetischen Wirkungsgrad in Abhängigkeit von der Stromstärke

6.6.4. Einfluss von Plateaudurchmesser und Elektrodenwerkstoff auf den Wärmeeintrag an der Werkstückoberfläche

Der Gesamtwärmeeintrag an der Werkstückoberfläche steigt bei allen untersuchten Plateaudurchmessern sowie der spitzen Elektrode mit zunehmender Stromstärke an (Abb. 6.24 a). Dieser Anstieg des Wärmeeintrags mit zunehmender Stromstärke verläuft bei größeren Plateaudurchmessern flacher als bei einer spitzen Elektrode, da größere Plateaudurchmesser die Lichtbogenbrennspannung herabsetzen (Anhang, Abb. A.1 b). Zudem wurde für zunehmende Plateaudurchmesser eine Senkung des Staudrucks nachgewiesen (siehe Abschnitt 6.4). Dieser niedrigere Staudruck bei größeren Plateaudurchmessern beeinflusst ebenfalls den energetischen

Wirkungsgrad des Schweißverfahrens (Abb. 6.24 b). Der Beitrag der Konvektion zum Gesamtenergieeintrag wird mit zunehmendem Plateaudurchmesser durch die verlangsamte Lichtbogenströmung geringer. Bei einem Plateuadurchmesser von 1,6 mm sinkt der Wirkungsgrad bei einer Stromstärke von 300 A bis auf 47%. Eine spitze Elektrode besitzt hingegen bei gleichen Schweißparametern einen Wirkungsgrad von 51%.

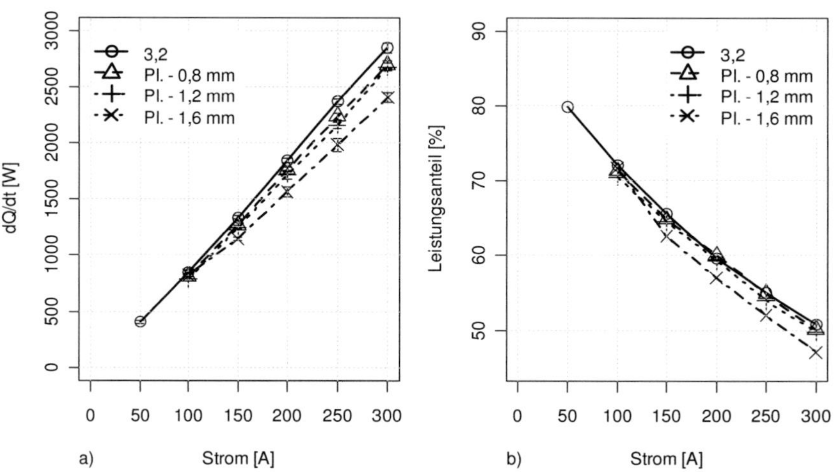

Abbildung 6.24.: Einfluss des Plateaudurchmessers auf a) den Gesamtwärmeeintrag an der Werkstückoberfläche und b) den energetischen Wirkungsgrad in Abhängigkeit von der Stromstärke

Reine Wolframelektroden verursachen einen etwas höheren Wärmeeintrag an der Werkstückoberfläche und besitzen einen höheren Wirkungsgrad als legierte Wolframelektroden (Abb. 6.25). Anders als bei großen Plateaudurchmessern verursachen reine Wolframelektroden eine höhere Brennspannung infolge ihrer höheren Elektronenaustrittsarbeit (Anhang, A.2). Zudem erzeugen reine Wolframelektroden einen höheren Staudruck im Vergleich zu legierten Elektroden (Abschnitt 6.4). Bei einer Stromstärke von 200 A besitzen reine Wolframelektroden einen um 4% höheren Wirkungsgrad als legierte Elektroden (Abb. 6.25 b). Die untersuchten legierten Elektroden WL15, WC20 und WTh20 besitzen eine ähnliche Elektronenaustrittsarbeit und unterscheiden sich folglich nicht in Wärmeeintrag und Wirkungsgrad in Abhängigkeit von der Stromstärke (Abb. 6.25).

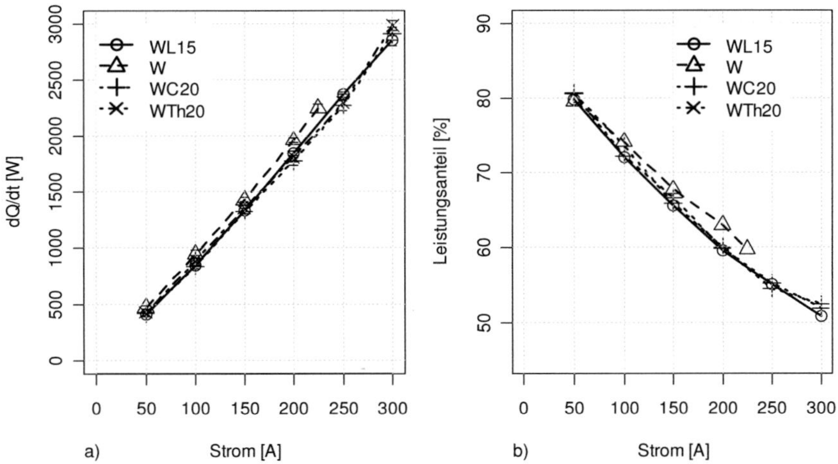

Abbildung 6.25.: Einfluss unterschiedlicher Elektrodenwerkstoffe auf a) den Gesamtwärmeeintrag an der Werkstückoberfläche und b) den energetischen Wirkungsgrad in Abhängigkeit von der Stromstärke

6.7. Zusammenfassung der Ergebnisse für den Standard-Brenner (SR-18)

In dieser Arbeit wurden für einen Standard-Brenner SR-18 der Energieeintrag in den Brenner, die Stromdichte an der Kathode, der Staudruck des Lichtbogens, der Energieeintrag an der Werkstückoberfläche und der Sauerstoffgehalt der Gasabdeckung ermittelt. Aus den Energieeinträgen in den Brenner und ins Werkstück wurde die Energiebilanz des Schweißprozesses berechnet. Aus den Ergebnissen an der Werkstückoberfläche ließ sich schließlich der Einfluss der Brennerkonstruktionsvarianten auf das Schweißergebnis ableiteten.

6.7.1. Energiebilanz des WIG-Verfahrens

Die Energiebilanz des WIG-Verfahrens wird durch die Brennerkonstruktion und die Schweißparameter beeinflusst (Abb. 6.26; Abb. 6.27). Die Spannung steigt beim Schweißvorgang mit zunehmender Stromstärke linear an und führt somit zu einem quadratischen Anstieg der Gesamtleistung (Anhang, Abb. A.1). Für alle untersuchten Parameter steigt der Gesamtenergieeintrag an der Werkstückoberfläche annähernd linear mit zunehmender Stromstärke an (Abb. 6.26; Abb. 6.27). Der hohe Gesamtenergieeintrag an der Werkstückoberfläche ändert sich nur geringfügig in Abhängigkeit von der Elektrodengeometrie und den Elektrodenwerkstoff (siehe Abschnitt 6.6.4). Mit zunehmender Stromstärke steigen die Energieverluste beim Schweißvorgang progressiv an. Der Energieverlust im Brenner wurde kalorimetrisch über den Brennerkühlkreis bestimmt und ist nahezu vollständig auf die Widerstandserwärmung zurückzuführen (siehe Abschnitt 5.1). Die Gasdüse wird hingegen hauptsächlich durch Strahlung aus dem Lichtbogen und der Wolframelektrode belastet. Bei einem geringen Überstand der Elektrode und einem kleinen Elektrodendurchmesser nimmt die Gasdüse mehr Strahlung aus dem Lichtbogen auf, weswegen höhere Energiemengen durch Kühlung abgeleitet werden müssen (Abb. 6.27). Zusätzlich führt die Nutzung eines geringen Elektrodendurchmessers infolge der hohen Elektrodentemperatur zu einer verstärkten Strahlungsbelastung der Gasdüse. Die Brennergeometrie beeinflusst die Energieverluste im Brenner und verändert somit auch die Wärmebilanz des Schweißverfahrens. Beispielsweise muss bei einem Versuchsbrenner mit einem Elektrodendurchmesser von 3,2 mm bei einer Stromstärke von 150 A 10% weniger Energie abgeleitet werden als bei einer Brennervariante mit einem Elektrodendurchmesser von 1,6 mm (Abb. 6.1 b).

Der Wirkungsgrad des Verfahrens sinkt kontinuierlich mit zunehmender Stromstärke, da der Wärmeeintrag an der Werkstückoberfläche nahezu linear ansteigt, während der Energieverlust hingegen progressiv zunimmt (Abb. 6.26 b). So beträgt der Wirkungsgrad des Verfahrens bei einer Stromstärke von 50 A ca. 80% und sinkt bis zu einer Stromstärke von 300 A auf ca. 50% der Gesamtleistung ab. Die Energieverluste in der Lichtbogensäule können nicht vermieden werden, da infolge des Temperaturunterschieds zwischen Lichtbogen und Umgebung ein ständiger Wärmeabtransport stattfindet. Der Wirkungsgrad des Verfahrens kann jedoch erhöht werden, wenn es gelingt, die Verluste durch Widerstandserwärmung im Brenner zu verringern. Für den hier verwendeten Versuchsbrenner könnte durch eine Vergrößerung der Stromleitungsquerschnittsfläche im Schlauchpaket von 10 mm^2 auf 100 mm^2 eine Erhöhung des Wirkungsgrades von ursprünglich 50% auf bis zu 56% bei 300 A Stromstärke erzielt werden (Anhang, Abb. B.1). Bei hohen Stromstärken ab 300 A vergrößern sich diese Wirkungsgradunterschiede zwischen großen und kleinen Stromleitungsquerschnittsflächen, da die Widerstandserwärmung bei großen Stromleiterquerschnittsflächen weniger ansteigt, als bei kleinen (Anhang, Abb. B.1). Folglich ist für Brenner, die bei hohen Stromstärken betrieben werden, eine große Stromleitungsquerschnittsfläche sinnvoll, zum einen, um die thermische Belastung des Brenners zu verringern und zum anderen, um einen höheren energetischen Wirkungsgrad zu erreichen.

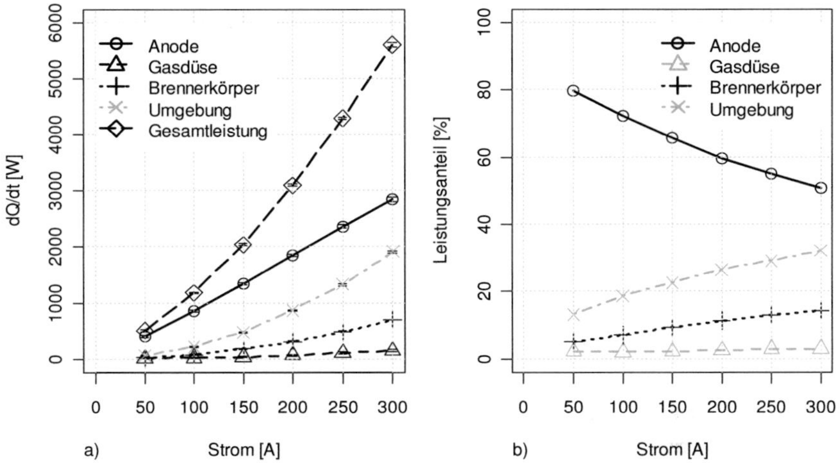

Abbildung 6.26.: Energiebilanz in Abhängigkeit von der Stromstärke für den Standard-Brenner SR-18 für einem Elektrodendurchmesser von 3,2 mm und den Elektrodenwerkstoff WL15; a) absolute Energieeinträge und Gesamtleistung; b) Anteil des Energieeintrags an der Gesamtleistung

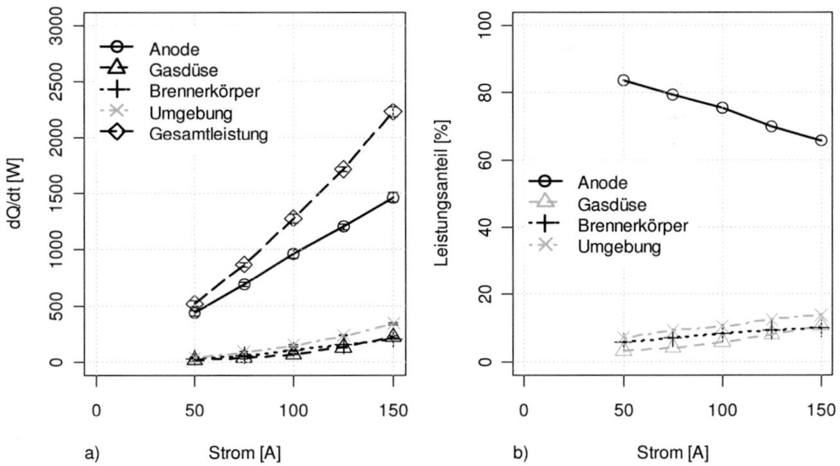

Abbildung 6.27.: Energiebilanz in Abhängigkeit von der Stromstärke für den Standard-Brenner SR-18 für einem Elektrodendurchmesser von 1,6 mm und den Elektrodenwerkstoff WL15; a) absolute Energieeinträge und Gesamtleistung; b) Anteil des Energieeintrags an der Gesamtleistung

Bisher wurde für das WIG-Verfahren ein konstanter Wert für den Wirkungsgrad angenommen, z.B. um daraus die Streckenenergie zu berechnen [107]. Die hier vorgestellten Ergebnisse zeigen jedoch, dass der Wirkungsgrad des Verfahrens stark von den Brennerkonstruktionsmerkmalen und den Schweißparametern abhängig ist.

6.7.2. Einfluss der Brennerkonstruktion auf das Schweißergebnis

Die Lichtbogeneigenschaften können nicht nur durch die Veränderung der Schweißparameter, sondern auch durch die Brennergestaltung beeinflusst werden (siehe Abschnitt 6.4; 6.6). Für den hier verwendeten Versuchsbrenner wurde gezeigt, dass die Kathodenstromdichte durch Variation von Elektrodenwerkstoff und Elektrodengeometrie gezielt verändert werden kann (siehe Abschnitt 6.3). Durch eine Erhöhung der Kathodenstromdichte nimmt die Lorentzkraft und damit die eigenmagnetische Kompression des Lichtbogens an der Kathode zu. Die Erhöhung der eigenmagnetischen Kompression an der Kathode beeinflusst wiederum den Lichtbogen: Erstens verstärkt sich der Ansaugeffekt an der Kathode, wodurch höhere Strömungsgeschwindigkeiten des Lichtbogens bzw. höhere Staudrücke an der Werkstückoberfläche erzielt werden. Zweitens erhöht sich die Kompression der elektrisch geladenen Teilchen, womit ein konzentrierter Energieeintrag ins Werkstück möglich ist.

Um den Einfluss der oben beschriebenen Brennerparamter auf das Schweißergebnis zu untersuchen, wurden Schweißversuche am Werkstoff S235 bei einer Stromstärke von 150 A und einer Schweißgeschwindigkeit von 15 $cm \cdot min^{-1}$ durchgeführt. Anhand von Querschliffen der Blindnähte wurden Breite und Tiefe der Schweißnaht bestimmt. Die so erhaltenen Messdaten sind in Abbildung 6.28 zusammengefasst und in Beziehung zu den bereits in Kapitel 6 ermittelten Versuchsparamtern dargestellt. Die Abbildung 6.28 belegt, dass Elektrodendurchmesser, Plateaudurchmesser und Elektrodenwerkstoff bei einer Stromstärke von 150 A einen großen Einfluss auf die Schweißnahtbreite ausüben. Bei hohen Kathodenstromdichten und daraus resultierenden höheren Staudrücken und höheren Stromdichtemaxima an der Werkstückoberfläche wurden breitere Schweißnähte erzielt. Diese Ergebnisse lassen sich mit der Theorie der Schmelzbadbildung erklären (siehe Abschnitt 2.3). Bei Stromstärken von 150 A wird der Wärmetransport im Schmelzbad hauptsächlich durch die Schmelzbadströmung bestimmt. Die Schmelzbadströmung wird zum einen durch die Scherkraft der Lichtbogenströmung bzw. den Staudruck und zum anderen durch den Energieeintrag in der Schmelzbadmitte bzw. die Marangonikonvektion verstärkt. Beide Faktoren führen zur einer nach außen gerichteten Schmelzbadströmung und verursachen somit breitere Schweißnähte.

Tanaka et al [151] beschreibt für eine Stromstärke von 150 A einen ähnlichen Effekt in der Schmelzbadströmung für den Werkstoff 1.4301. Jedoch simulierte Tanaka et al. die Schmelzbadströmung nur für jeweils einen konkreten Parameter von Elektrodengeometrie und -Werkstoff.

In dieser Arbeit wurde die Bedeutung der Scherkraft höher bewertet als die der Marangonikonvektion.

Für die in dem hier beschriebenen Versuch verwendeten Parameter konnte keine Veränderung der Schweißnahttiefe nachgewiesen werden. Ein Tiefschweißeffekt durch hohe Staudrücke ist erst bei hohen Stromstärken von 300 A möglich (siehe Abschnitt 2.3).

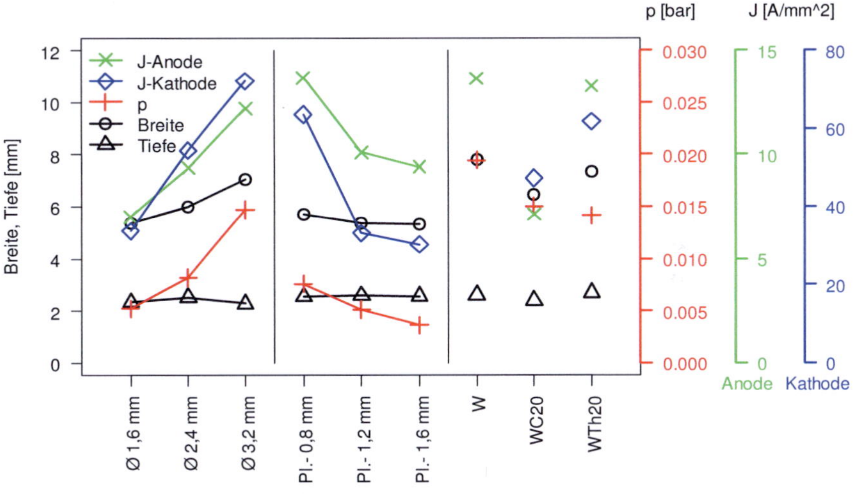

Abbildung 6.28.: Zusammenfassung der Versuchsergebnisse für den Standard-Brenner SR-18: Schweißnahtbreite und -tiefe, Staudruckmaxima an der Werkstückoberfläche, Stromdichtemaxima (A-Str.-Dichte) an der Werkstückoberfläche (Anode) und durchschnittliche Kathodenstromdichte (K-Str.-Dichte) bei unterschiedlichen Elektroden- und Plateaudurchmessern sowie verschiedenen Elektrodenwerkstoffen bei einer Stromstärke von 150 A

Das Aussehen der Schweißnaht wird ebenfalls durch die Brennergestaltung beeinflusst (Abb. 6.29). Lichtbögen mit höheren Strömungsgeschwindigkeiten sind stabiler und erzeugen somit einen glatten Schweißnahtrand. Bei Elektroden mit einem Plateaudurchmesser von 1,6 mm ist der Schweißnahtrand unregelmäßig infolge des niedrigeren Staudrucks und der geringen Lichtbogenstabilität.

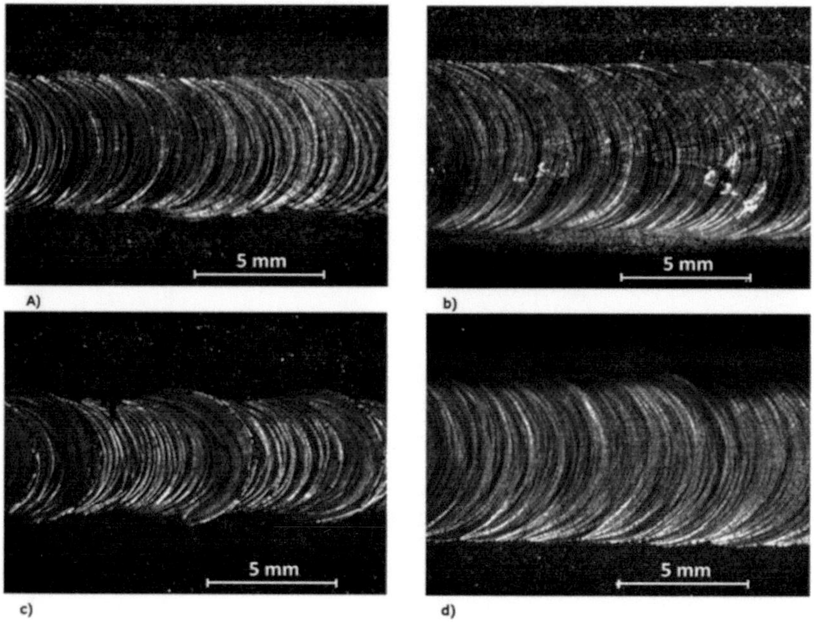

Abbildung 6.29.: Aussehen der Blindnähte bei 150 A Stromstärke und einer Schweißgeschwindigkeit von 15 $cm \cdot min^{-1}$, a,b,c) für WL15-Elektroden bei a) einem Elektrodendurchmesser von 1,6 mm, b) einem Elektrodendurchmesser von 3,2 mm und c) einem Elektrodenplateaudurchmesser von 1,6 mm; d) für reine Wolframelektroden mit einem Durchmesser von 3,2 mm

Eine weitere wichtige Einflussgröße auf das Schweißergebnis ist die Schutzgasabdeckung. Durch Messungen der Sauerstoffkonzentration an der Werkstückoberfläche wurde nachgewiesen, dass die Qualität der Schutzgasabdeckung vom Durchmesser der Gasdüse, der Geometrie des Gasverteilers, der Brennerneigung und der Gasmenge abhängt (siehe Abschnitt 6.5). Außerdem wurde gezeigt, dass die Sauerstoffkonzentration in der Schutzgasabdeckung mit zunehmender Stromstärke absinkt.

7. Eigenschaften anderer Brennerkonstruktionen

Die in den vorherigen Abschnitten untersuchten Lichtbogeneigenschaften beziehen sich auf einen frei brennenden Lichtbogen. Der Lichtbogen kann jedoch auch durch externe Einflüsse in seinen Eigenschaften verändert werden. Solche Lichtbogenveränderungen können durch eine externe Gasströmung oder durch externe Magnetfelder erzeugt werden. Um die Beeinflussung des Lichtbogens durch externe Kräfte zu untersuchen, wurden zwei Brennersysteme verwendet, das Erste mit einer modifizierten Gasdüse zur Beeinflussung des Lichtbogens durch Gasströmung und als Zweites ein Standard-WIG-Maschinenbrenner mit einem Magnetfelderzeuger zur magnetischen Ablenkung des Lichtbogens. Der Staudruck und die Stromdichte an der Werkstückoberfläche wurden mit Hilfe des in Kapitel 5 beschriebenen apparativen Aufbaus bestimmt.

7.1. Gasströmungsbeeinflusste Lichtbögen

Die Veränderungen der Lichtbogeneigenschaften durch eine externe Gasströmung wurden mit einem Sonderbrenner untersucht. Dieser Brenner besitzt eine Gasdüse mit einer rechteckigen Düsenöffnung von 2 x 7 mm und eine in der Gasdüsenmitte angebrachte Elektrode mit 6,4 mm Durchmesser (Anhang, Abb. E.2). Diese Konstruktionsmerkmale bewirken, dass das Prozessgas nur an zwei Seiten der Gasdüse ausströmt bzw. der Lichtbogen nur an diesen beiden Seiten angeströmt wird. Mit diesem Brenner werden außerdem, aufgrund des geringen Düsenquerschnitts, bei üblichen Prozessgasmengen hohe Austrittsgeschwindigkeiten des Schutzgases erreicht.

7.1.1. Staudruck des Lichtbogens an der Werkstückoberfläche

Maxima und Verteilungsform des Lichtbogenstaudrucks an der Werkstückoberfläche können durch externe Gasströmungen verändert werden (Abb. 7.4). Die Anströmung des Lichtbogens aus der rechteckigen Gasdüse erzeugt eine asymmetrische Staudruckverteilung, weswegen die

Messungen in zwei Achsenrichtungen (x und y) durchgeführt wurden (Abb. 7.1). In x-Richtung zeigt das Staudruckprofil drei lokale Maxima (Abb. 7.2 a). Das Staudruckmaximum im Zentrum des Lichtbogens wird durch die eigenmagnetische Kompression des Lichtbogens verursacht. Die beiden flankierenden lokalen Staudruckmaxima entstehen hingegen durch das anströmende Gas, das durch die hohen Temperaturen in der Lichtbogensäule expandiert (Abb. 7.2 a). Dabei entspricht die Position der flankierenden lokalen Staudruckmaxima genau den Eintrittsstellen des anströmenden externen Gases.

Eine Zunahme der Prozessgasmenge verursacht bei dieser Brennerkonstruktionsvariante zwei Effekte: zum einen werden die flankierenden lokalen Staudruckmaxima infolge der erhöhten Geschwindigkeit der externen Gasströmung größer und zum anderen wird das Staudruckmaximum im Zentrum des Lichtbogens durch die Abkühlung des Lichtbogenkernes infolge der externen Gaszufuhr kleiner. Jedoch ist die Abnahme des Staudruckmaximums im Zentrum des Lichtbogens mit zunehmender Gasmenge nur zwischen Gasmengen von $5\ l \cdot min^{-1}$ und $7\ l \cdot min^{-1}$ erkennbar. Bei einer Stromstärke von 150 A und einer Gasmenge von $10\ l \cdot min^{-1}$ nehmen die drei lokalen Staudruckmaxima annähernd gleiche Werte an.

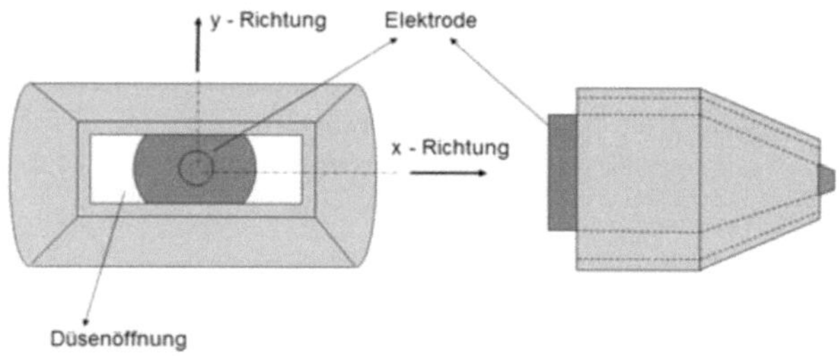

Abbildung 7.1.: Messrichtung bei unsymmetrischer Druck- und Stromverteilung

Die Staudruckverteilung zeigt in y-Richtung nur einen Maximalwert und ähnelt in ihrer Form der Staudruckverteilung eines frei brennenden Lichtbogens (Abb. 7.2 b). Im Vergleich zur x-Richtung nimmt der Staudruck in der y-Richtung ausgehend vom Zentrum hin zu den Randbereichen des Lichtbogens weniger steil ab. Die anhand von Staudruckmessungen in einem Raster ermittelte dreidimensionale Abbildung der Staudruckverteilung zeigt, dass die Lichtbogenströmung durch die externe Gasströmung an den betroffenen Seiten zusammengedrückt wird (Abb. 7.3). Ursache ist eine starke Abkühlung des Lichtbogens an diesen Seiten und die damit verringerte elektrische Leitfähigkeit der Lichtbogengase. Die externe Gasströmung verursacht also drei ovale Bereiche mit hohem Staudruck. Die in Abbildung 7.3 sichtbare Asymmetrie der flankierenden Staudruckmaxima ist darauf zurückzuführen, dass die Kathode nicht zentral im Brenner positioniert war. Dies zeigt, dass die Kathodenzentrierung bei diesem Konstruktionsprinzip einen entscheidenden Einfluss auf die Symmetrie der Gasströmung besitzt.

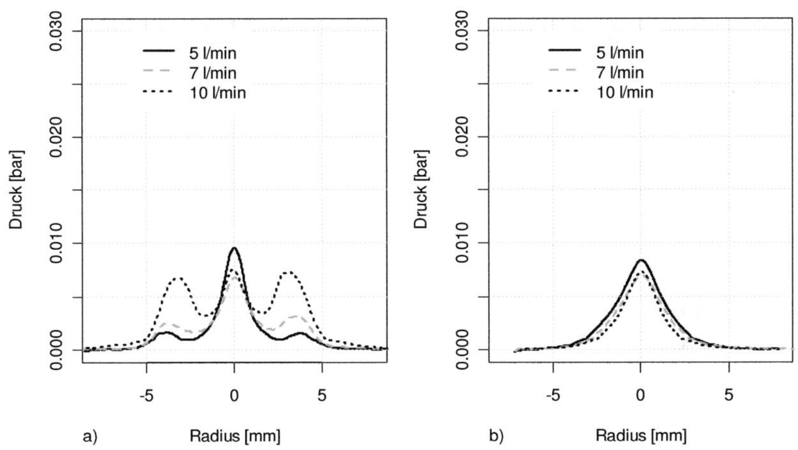

Abbildung 7.2.: Staudruckverteilung des Brenners Plasmatron® für unterschiedliche Gasmengen bei einer Stromstärke von 150 A; a) Messung in x-Richtung; b) Messung in y-Richtung

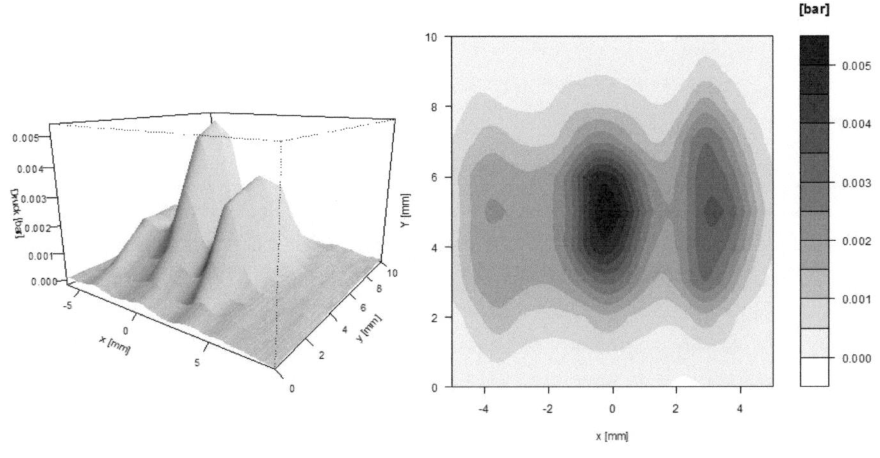

Abbildung 7.3.: Dreidimensionale Darstellung der Staudruckverteilung für den Brenner Plasmatron® bei einer Stromstärke von 150 A und einer Gasmenge von 7 $l \cdot min^{-1}$

7.1.2. Stromverlauf an der Werkstückoberfläche

Der Lichtbogen verhält sich unter der externen Gaszuführung wie eine Luftballon, der von den gegenüberliegenden Seiten zusammengepresst wird und sich folglich senkrecht zur einwirkenden Kraft in beide Richtungen ausdehnt. Dadurch bildet sich ein unsymmetrischer Stromfluss in der Lichtbogensäule bzw. an der Werkstückoberfläche (Abb. 7.4). Diese unsymmetrische Stromdichteverteilung kann durch Stromverlaufsmessungen mit Hilfe des Verfahrens der geteilten Anode dargestellt werden.

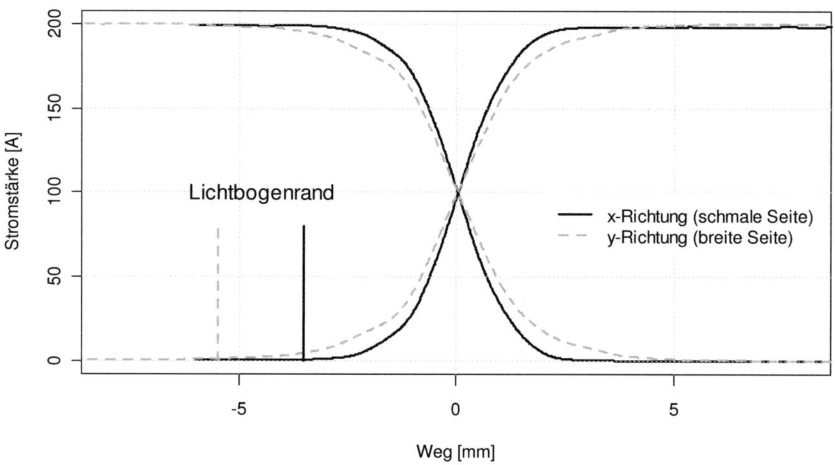

Abbildung 7.4.: Stromverlauf des Lichtbogens an der Werkstückoberfläche bei einem Brenner mit externer Gaszuführung (Plasmatron®), gemessen mit dem Verfahren der geteilten Anode bei einer Stromstärke von 200 A und einer Gasmenge von 7 $l \cdot min^{-1}$

Mit zunehmender Gasmenge wird der Lichtbogen stärker zusammengedrückt (Abb. 7.5). Somit wird die schmale Lichtbogenseite (x-Richtung) mit zunehmender Gasmenge schmaler und die entgegengesetzte Seite (y-Richtung) breiter. Angenommen, die Stromdichte verhält sich in ihrer Verteilung über den Lichtbogenquerschnitt wie der Staudruck (Abb. 7.3), so sollte die Ansatzfläche des Lichtbogens auf der Werkstückoberfläche oval sein. Die Ansatzfläche des Lichtbogens kann über die Breite und die Länge der Stromverteilung berechnet werden. Mit zunehmender Gasmenge vergrößert sich bei dieser Brennervariante die Lichtbogenansatzfläche (Abb. 7.6), wobei die durchschnittliche Stromdichte gleichzeitig sinkt. Lawton und Mayo [94] demonstrierten für externe Ringströmungen ebenfalls eine Verringerung der Energiedichte an der Werkstückoberfläche wenn die Gasströmung unter einem ungünstigen Einfallswinkel auf den Lichtbogen trifft und große Gasmengen vorhanden sind.

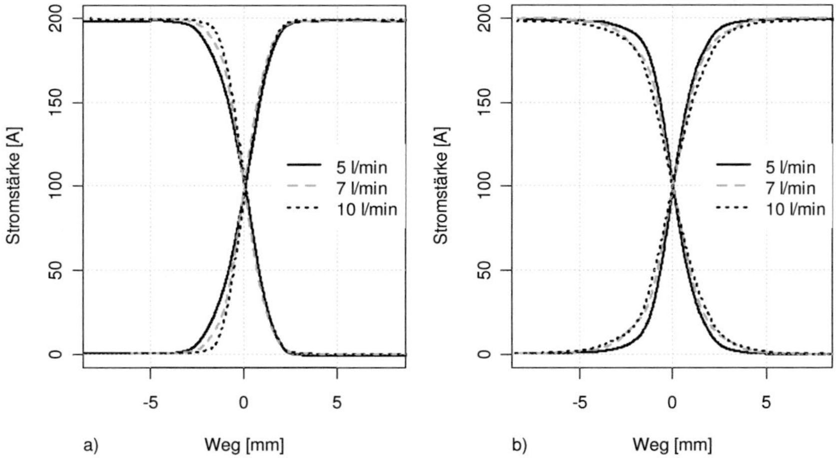

Abbildung 7.5.: Stromverlauf des Lichtbogens an der Werkstückoberfläche für unterschiedliche Gasmengen bei einem Brenner mit externer Gaszuführung (Plasmatron®), gemessen mit dem Verfahren der geteilten Anode bei einer Stromstärke von 200 A: a) Messrichtung x (schmale Seite); b) Messrichtung y (breite Seite)

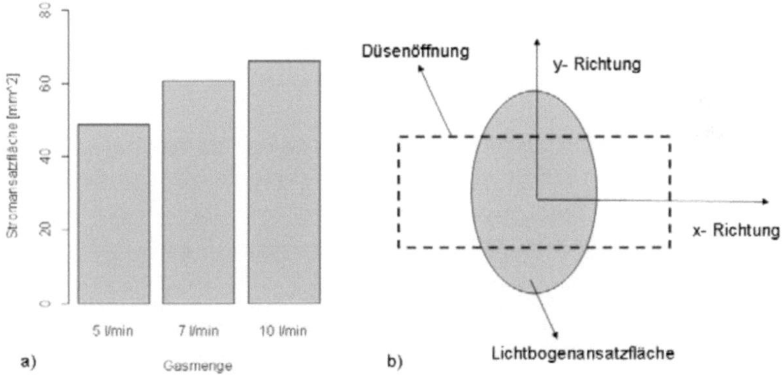

Abbildung 7.6.: a) Stromansatzfläche des Lichtbogens an der Werkstückoberfläche; b) Gestalt der Lichtbogenansatzfläche

7.2. Magnetisch abgelenkter Lichtbogen

Um den Lichtbogen abzulenken, wurde ein Spulenmagnet in den Maschinenbrenner der Serie SR-400 eingesetzt (Abb. 7.7 a). Der Spulenmagnet besitzt zwei ferromagnetische Kerne mit jeweils zwei Spulen. Alle vier Spulen wurden in Reihe geschaltet und an eine gemeinsame Stromquelle angeschlossen. Über die Stromstärke wurde die magnetische Flussdichte eingestellt und durch einen Hallsensor überprüft.

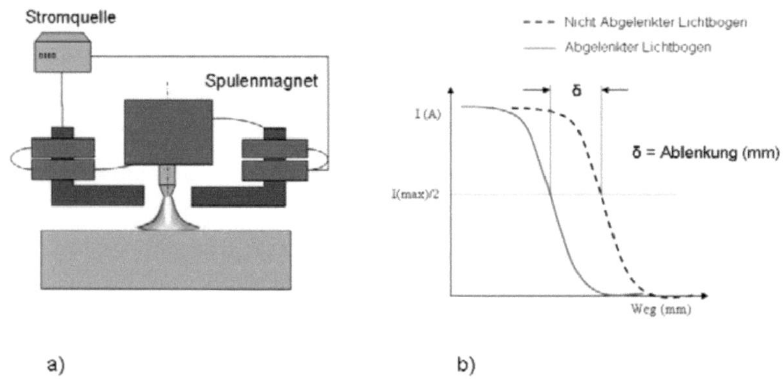

Abbildung 7.7.: Schematische Darstellung a) der Versuchsvorrichtung zur Ablenkung des Lichtbogens; b) der Messung der Stromansatz-Verschiebung mit dem Verfahren der geteilten Anode

Die bislang eingesetzten Quantifizierungsmethoden zur Lichtbogenablenkung durch ein externes Magnetfeld sind nur bedingt aussagekräftig, da weder Aufnahmen der Lichtbogengestalt noch die Blindnahtvermessung nach Schweißversuchen ausreichen, um die komplexen Vorgänge darzustellen, die über das Schmelzbad zur Schweißnahtbildung führen [121, 81, 56]. In dieser Arbeit wird daher ein Ansatz vorgestellt, der über die Messung des Staudrucks und die Bestimmung des Stromverlaufs mit dem Verfahren der geteilten Anode eine genauere Quantifizierung der Lichtbogenablenkung ermöglicht. Zur Bestimmung des Stromverlaufs wurde bei halbmaximaler Stromstärke die Verschiebung der Lichtbogenansatzstelle gemessen (Abb. 7.7 b). Zur Darstellung des Staudrucks wurde die Verschiebung der Maxima mit zunehmender magnetischer Flussdichte ermittelt.

Die Lichtbogenverschiebung nimmt mit steigender magnetischer Flussdichte bis 6 mT nahezu linear zu (Abb. 7.8). Dabei ist die Lichtbogenablenkung bei höheren Stromstärken von 200 A im Vergleich zu 100 A deutlich geringer. Ursache dafür ist die bei hohen Stromstärken steigende Lichtbogenstabilität infolge der erhöhten Lichtbogenströmung. Folglich ist mit zunehmender Stromstärke eine geringere Lichtbogenablenkung bei gleichbleibender magnetischer Flussdichte möglich. Bei einer Stromstärke von 100 A und magnetischen Flussdichten höher als 6 mT ist eine starke Verformung der Lichtbogengestalt zu beobachten (Abb. 7.9 c). Die Lichtbogenverschiebung nimmt ab magnetischen Flussdichten von 6 mT nur noch schwach, aber nicht mehr linear zu (Abb. 7.8 a). Eine maximale Ablenkung des Lichtbogens wird bei einer magnetischen Flussdichte von 8 mT erreicht. Ab diesem Wert nimmt die Ablenkung des Lichtbogens wieder ab und bei magnetischen Flussdichten größer als 10 mT wird der Lichtbogen sogar durch das starke Magnetfeld ausgelöscht. Die Verschiebung der Staudruckmaxima verhält sich bei zunehmender magnetischer Flussdichte ähnlich wie die Verschiebung des Stromflusses an der Werkstückoberfläche. Die Verschiebung der Staudruckmaxima vergrößert sich mit steigender magnetischer Flussdichte bis 6 mT nahezu linear und nimmt danach wieder ab (Abb. 7.8 b). Auch hier ist die Lichtbogenablenkung bei höheren Stromstärken von 200 A im Vergleich zu 100 A deutlich geringer. Die starke Abnahme der Verschiebung der Staudruckmaxima ab magnetischen Flussdichten von 6 mT bei einer Stromstärke von 100 A ist auf Messungenauigkeiten der Staudruckmessung bei kleinerem Einfallswinkel der Lichtbogenströmung auf der Messplatte zurückzuführen. Diese Ergebnisse widerlegen die bisherige Annahme eines linearen Anstiegs der Lichtbogenablenkung mit zunehmender magnetischer Flussdichte [81].

In weiteren Untersuchungen wurde anhand von Stromverlaufsmessungen gezeigt, dass sich die Lichtbogenansatzfläche an der Werkstückoberfläche bei starken Magnetfeldern verringert, aber kreisförmig bleibt [121, 120] (Abb. 7.9 d). Bei einer magnetische Flussdichte von 10 mT verringert sich die Lichtbogenansatzfläche an der Werkstückoberfläche um die Hälfte. Außerdem sinkt mit zunehmender magnetischer Flussdichte der Staudruck an der Werkstück- oberfläche (Anhang, Abb. E.1).

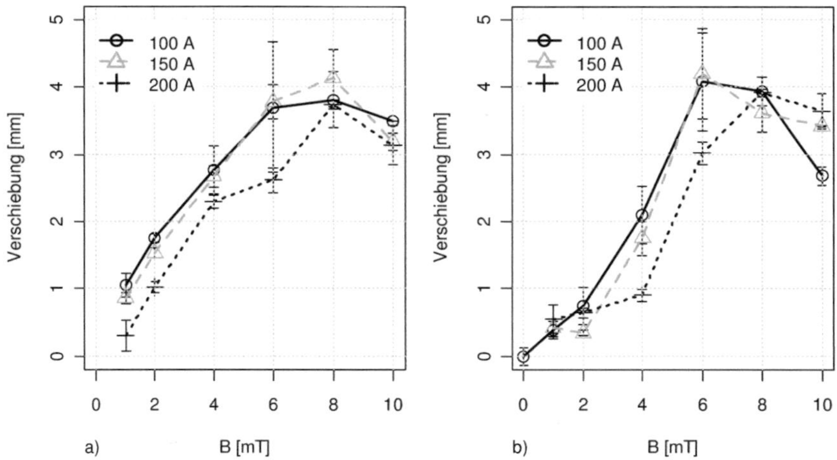

Abbildung 7.8.: Verschiebung des Lichtbogens an der Werkstückoberfläche durch Magnetfelder bei einer Lichtbogenlänge von 5 mm: a) Zentrum des Stromflusses an der Werkstückoberfläche; b) Staudruckmaxima (Zentrum der Lichtbogenströmung)

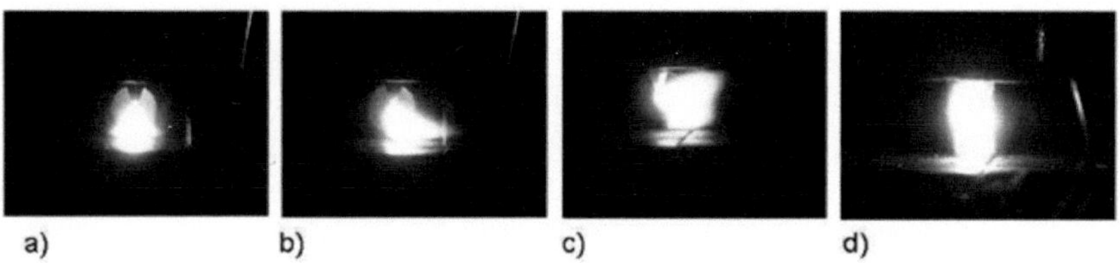

Abbildung 7.9.: Lichtbogengestalt bei verschiedenen magnetischen Flussdichten: a) 0 mT, b) 3 mT c) 6 mT d) 6 mT von vorn (a,b,c von der Seite)

7.3. Zusammenfassung der Ergebnisse anderer Brennerkonstruktionen

In dieser Arbeit wurden zwei verschiedene Brennersysteme verwendet, um die Beeinflussung des Lichtbogens durch eine externe Gasströmung oder Magnetfelder zu untersuchen. Die Veränderungen der Lichtbogeneigenschaften wurden mittels Staudruckmessung und Bestimmung des

Stromverlaufs mit dem Verfahren der geteilten Anode nachgewiesen. Durch eine externe Gasströmung verändern sich Staudruck und Stromdichteverteilung an der Werkstückoberfläche. Zudem sinkt mit zunehmender Menge des zuströmenden Gases die durchschnittliche Stromdichte an der Werkstückoberfläche. Unter dem Einfluss externer Magnetfelder werden Stromfluss und Lichtbogenströmung gleichermaßen abgelenkt. Diese Ablenkung von Stromfluss und Lichtbogenströmung steigt mit zunehmender magnetischer Flussdichte nicht-linear an. Bei sehr hoher magnetischer Flussdichte (ab 8 mT) verringert sich die Lichtbogenablenkung, der Lichtbogen wird stark verformt und seine Ansatzfläche eingeschnürt. Mit zunehmender magnetische Flussdichte sinkt auch das Staudruckmaximum an der Werkstückoberfläche. Andererseits steigt mit zunehmender Stromstärke die Lichtbogenstabilität, das heißt der Lichtbogen wird dann durch ein externes Magnetfeld weniger abgelenkt.

8. Anwendung der Ergebnisse zur Brennerkonstruktion

In den vorherigen Kapiteln wurden grundlegende Fragenstellungen zum Einfluss der Brennerkonstruktion auf die Lichtbogeneigenschaften und das Brennerverhalten während des Schweißbetriebs geklärt. Aus diesen Erkenntnissen werden in den folgenden Abschnitten zwei verschiedene Lösungsansätze zur Konstruktion von WIG-Brennern abgeleitet, zum einen eine Konstruktionsvariante zur Erhöhung der Belastbarkeit luftgekühlter Brenner und zum anderen ein neues Brennerkonzept mit hoher Energiedichte.

8.1. Entwicklung eines luftgekühlten WIG-Hochleistungs-Handbrenners

Luftgekühlte WIG-Handbrenner entsprechen der Norm DIN EN 60974-7 und sind bisher nur bis zu einer Stromstärke von 240 A bei 60%ED belastbar. Die eingetragene Wärme wird bei einem luftgekühlten WIG-Brenner durch Zwangskonvektion mit dem Schutzgas, durch Strahlung und durch freie Konvektion abtransportiert. Der Wärmeeintrag in den Brennerkörper und das Schlauchpaket ist hauptsächlich auf Widerstandserwärmung zurückzuführen, während der Wärmeeintrag in die Gasdüse durch Strahlung erfolgt. Konventionelle luftgekühlte Brenner schöpfen das Potential des Schutzgases als kühlendes Medium nicht vollständig aus. Einige Brennervarianten werden sogar infolge ungünstiger Konstruktionsmerkmale stärker durch Strahlung belastet. Eine Zwangskühlung durch Schutzgas ist umso besser, je höher die Wärmeübertragungsfläche und der Wärmeübergang der Strömung sind. Der Wärmeeintrag in die Gasdüse kann durch einen großen Elektrodenüberstand und durch eine Verringerung der Elektrodentemperatur minimiert werden. Der im Rahmen dieser Arbeit entwickelte luftgekühlte WIG-Handbrenner ist dadurch gekennzeichnet, dass sich im Schutzgasströmungskanal zwei spiralförmige Wärmeübertrager befinden, der erste im Brennerkörper und der zweite als Spannelement für die Elektrode im vorderen Brennerbereich (Abb. 8.1). Zusätzlich wurde die Wärmeleitung im Brennerkörper mit Hilfe einer FEM-Temperaturfeldsimulation und deren Validierung durch Temperaturmessungen optimiert [36, 60]. Die spiralförmigen Wärmeübertrager verursachen zum einen eine Drallströmung und zum anderen eine Erhöhung der Wärmeübertragungsfläche im Kühlkanal bei gleichem Bauraum. Generell tritt bei der Strömung eines Fluids durch einen spiralförmigen Kanal (Drallströmung) eine durch Zentrifugalkräfte und Reibung bedingte Sekundärströmung im Inneren des Kanals auf, die den Wärmeübergang der Strömung deutlicht verbessert (Abb. 8.2 a).

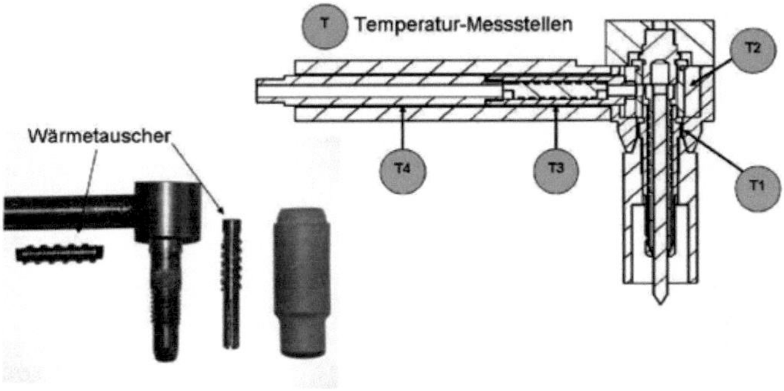

Abbildung 8.1.: Luftgekühlter WIG-Hochleistungs-Brenner

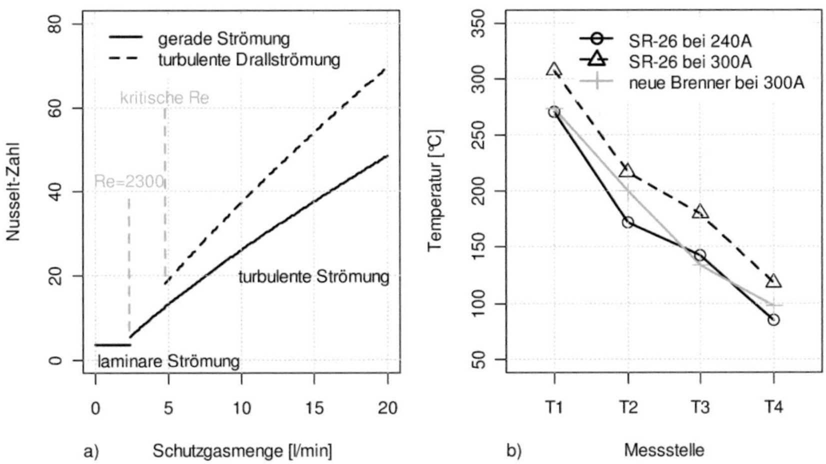

Abbildung 8.2.: a) Veränderung der Nusselt-Zahl in Abhängigkeit von der Gasmenge für eine Drallströmung und eine gerade Strömung; b) Temperaturmessungen am Standard-Brenner SR-26 und am luftgekühlten WIG-Hochleistungs-Handbrenner bei 60% ED

Der in dieser Arbeit entwickelte WIG-Handbrenner erreicht bei 60% ED erst bei einer Stromstärke von 300 A Brennertemperaturen im Bereich der Fassung und des Brennerkopfes, die sich bei dem Standard-Brenner SR-26 bereits bei 240 A einstellen (Abb. 8.2 b). Die Brennertemperatur ist bei dem Standard-Brenner SR-26 bei 60% ED und einer Stromstärke von 300 A im Durchschnitt um 19% höher als die des hier entwickelten WIG-Handbrenners und erfüllt damit nicht die Norm DIN EN 60974-7. Die Belastbarkeit des hier entwickelten luftgekühlten WIG-Handbrenners beträgt also 300 A bei 60%ED und ist damit bei gleicher Schlauchpaketgeometrie um 25% höher als bei herkömmlichen luftgekühlten Brennern.

Durch den Einsatz eines Elektrodenhalters als Wärmeaustauscher mit Drallströmung wurde auch die Belastbarkeit von Standard-Brennern verbessert. Die Brennerkopftemperatur des Brenners SR-10 konnte durch Anwendung dieses Elektrodenhalters um 53 K gesenkt werden [136].

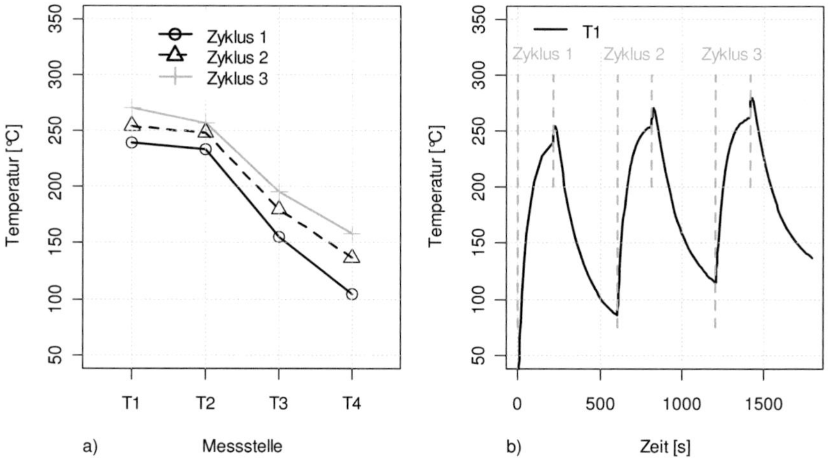

Abbildung 8.3.: Simulierter Temperaturverlauf für den luftgekülten Hochleistungs-WIG-Handbrenner bei einer Belastung von 35% ED; a) Temperatur an vier Messpunkten jeweils am Ende des Belastungszyklus; b) Temperaturverlauf am Messpunkt T1 in Abhängigkeit von der Zeit

Luftgekühlte Brenner werden aufgrund ihres geringen Wärmeableitungsvermögens mit ihrer maximalen Nennleistung zyklisch belastet. Die Temperatur eines Brenners nimmt mit der Anzahl der Belastungszyklen an allen Messpunkten zu, gleichzeitig verringert sich jedoch der Temperaturunterschied zwischen den einzelnen Belastungszyklen (Abb. 8.3 a). Ein Gleichgewichtszustand nach DIN EN 60974-7 [10] wird bei dem in dieser Arbeit entwickelten Brenner nach vier Belastungszyklen erreicht [60]. Am Messpunkt T1 (Gasverteiler) zeigt jeder Belastungszyklus einen wellenförmigen Temperaturverlauf in Abhängigkeit von der Zeit, wobei die einzelnen Zyklen durch die Abkühlungszeit voneinander getrennt sind (Abb. 8.3 b). Nach dem ersten Belastungzyklus kühlt sich der Brenner infolge des noch kalten Schlauchpakets schneller ab. Am Ende jedes Belastungszyklus ist eine rapide Steigerung der Temperatur zu beobachten. Dieser steile Temperaturanstieg ist auf das Abschalten des Schutzgases bzw. der Zwangskühlung des Brenner zurückzuführen.

8.2. Entwicklung eines Schweißbrenners mit erhöhter Energiedichte

Anhand der Erkenntnisse dieser Arbeit wurde ein neues Brennerkonzept zur Erhöhung der Energiedichte an der Werkstückoberfläche entwickelt. Durch eine starke Kühlung der Kathode kann der thermische Emissionsbereich verkleinert und folglich eine Steigerung der eigenmagnetischen Kompression an der Kathode erzielt werden. Dieser Effekt wurde für das im Rahmen dieser Arbeit entwickelte Brennersystem genutzt, um die Energiedichte des Lichtbogens an der Werkstückoberfläche zu erhöhen. Der Brennerkopf des Prototyps wurde aus einem Kupferblock mit sehr guter Wärme- und elektrischer Leitfähigkeit angefertigt. Die Kühlung erfolgt durch Wasser, das mit einer Prallströmung im Innenraum des Brennerkopfes geführt wird (Abb. 8.4). Die Elektrodengeometrie wurde für den neuen Brenner im Vergleich zu einem Standard-Brenner verändert, um die Wärmeleitung zu verbessern und den elektrischen Widerstand zu verringern. Dabei bildet die Elektrode eine Einheit aus einem Wolframelektrodenstift, der nicht lösbar mit einer Kupferhülse verbunden ist. Der Energietransport erfolgt vorrangig über eine definierte Kontaktfläche. Ein Feingewinde an der Außenseite der Kupferhülse bildet die einzige lösbare Verbindung zwischen Elektrodeneinheit und Kühlkörper. Damit werden eine optimale Wärmeableitung aus der Elektrodespitze und eine Verringerung des elektrischen Widerstands erreicht.

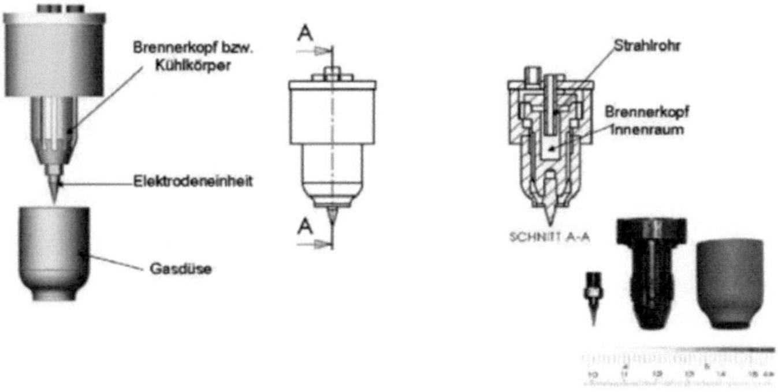

Abbildung 8.4.: Geometrie des neuen Brennerkonzeptes zur Erhöhung der Energiedichte an der Werkstückoberfläche [65]

Durchmesser und Abstand des Strahlrohrs vom Boden des Brennerkopf-Innenraums wurden mit Hilfe eines CFD-Modells optimiert, um die Kühlwirkung der Prallströmung zu erhöhen (Anhang; Abb. D.1). Diese optimierte Prallströmung ermöglicht eine effektive Kühlung bei sehr kleinem Bauraum.

Durch die in diesem Brennerkonzept verbesserte Kühlung der Elektrode wird die Ansatzfläche des Lichtbogens an der Kathode verringert, was zu einem Anstieg der Kathodenstromdichte und folglich zu einer Änderung der Lichtbogeneigenschaften führt. Durch Staudruckmessungen und die mit Hilfe des Verfahrens der geteilten Anode bestimmte Stromdichteverteilung wurde für dieses Brennerkonzept eine deutliche Zunahme von Staudruck und Stromdichte an der Werkstückoberfläche nachgewiesen (Abb. 8.5).

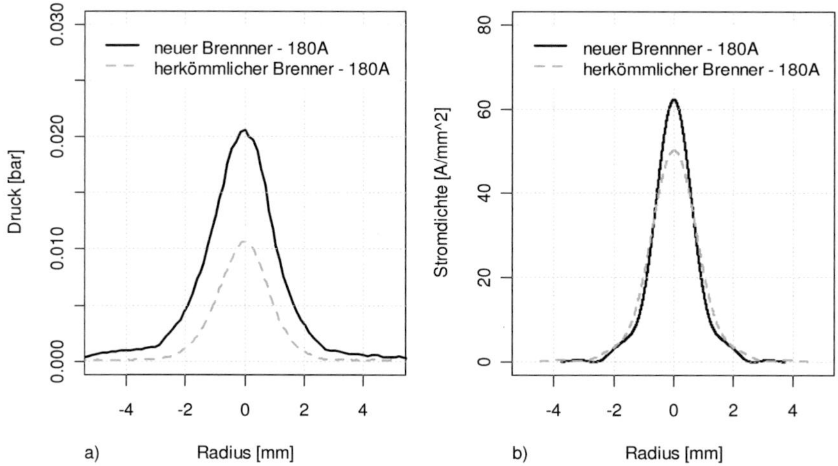

Abbildung 8.5.: Vergleich des neuen Brenners mit einem Standard-Brenner bei einer Stromstärke von 180 A und einer Lichtbogenlänge von 0,8 mm: a) Staudruckverteilung und b) Stromdichteverteilung an der Werkstückoberfläche

Das hier vorgestellte Brennerkonzept wurde als Patent angemeldet und unter [65, 66] veröffentlicht. Außerdem wird dieses Brennerkonzept sowohl von einem Brennerproduzenten (Kjellberg Finsterwalde) als auch von einem Stromquellenhersteller (EWM Hi-Tech Welding) kommerziell vermarktet (Abb. 8.6 a). Bei einer Stromstärke von 300 A wurde bei diesem Brenner eine Steigerung der durchschnittlichen Kathodenstromdichte um 92% im Vergleich zu einem Standard-Brenner nachgewiesen (Abb. 8.6 b).

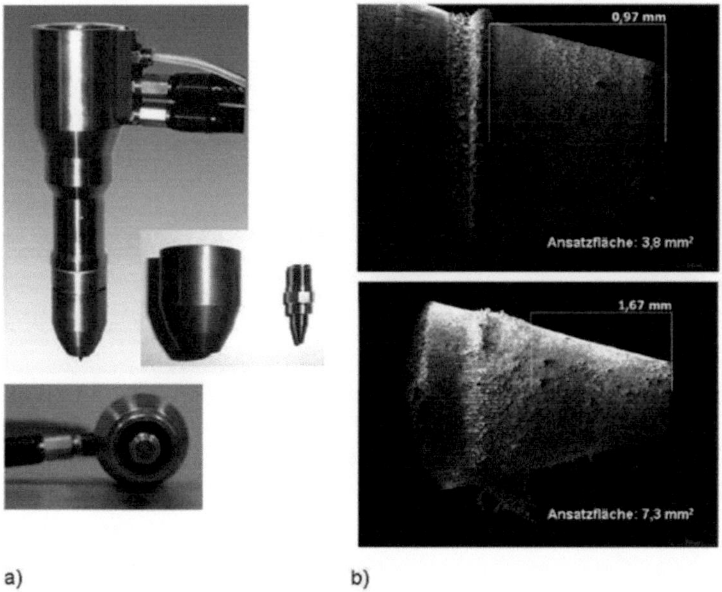

Abbildung 8.6.: Industriell hergestellte Brennervariante (Kjellberg Finsterwalde) mit erhöhter Energiedichte an der Werkstückoberfläche a) Aussicht; b) REM-Aufnahmen der Kathode mit eingezeichneter Länge der Lichtbogenansatzfläche nach dem Schweißvorgang bei einer Stromstärke von 300 A; oben: neue Brennervariante mit erhöhter Energiedichte, unten: Standard-Brenner

Die industriell hergestellte und kommerziell angewendete Variante dieses Brennerkonzepts ist bis mindestens 1000 A belastbar und wurde bereits erfolgreich für verschiedene Applikationen in der Automobilindustrie, wie zum Löten verzinkter Bleche und zum Schweißen von Bremspedalen eingesetzt [142]. Beim Löten von verzinkten Blechen können durch die Anwendung des neuen Brennerkonzepts Verfahrensgeschwindigkeiten von bis zu 7 $m \cdot min^{-1}$ erreicht werden, bei einem mit dem Laserlöten vergleichbaren Nahtaussehen [142]. Diese Fügeaufgabe konnte bisher nur durch ein Verfahren mit externer Gasströmung zur Beeinflussung des Lichtbogens bewältigt werden, was aber lediglich Verfahrensgeschwindigkeiten von 3 $m \cdot min^{-1}$ zulässt. Das neue Brennerkonzept ermöglicht zudem das Schweißen von Bremspedalen bei einer Verfahrensgeschwindigkeit von 3,9 $m \cdot min^{-1}$, was im Vergleich zu bisher angewendeten Schweißverfahren einer Geschwindigkeitserhöhung von 2 $m \cdot min^{-1}$ entspricht.

9. Zusammenfassung

Im Rahmen dieser Arbeit wurden Messmethoden entwickelt, mit denen der Einfluss der Brennerkonstruktion und der Prozessparameter auf die Lichtbogeneigenschaften und die Brennerverhalten systematisch untersucht werden können. Die Bestimmung des Wärmeeintrages durch geteilte kalorimetrische Messung am Brenner und die Quantifizierung der Kathodenstromdichte durch Verschleißbilder erfassen Vorgänge, die im Übergangsbereich zwischen Brenner und Lichtbogen stattfinden. Zur Charakterisierung der Vorgänge an der Werkstückoberfläche bzw. im Übergangsbereich zwischen Lichtbogen und Werkstück wurden der Staudruck des Lichtbogens, die Sauerstoffkonzentration der Schutzgasabdeckung und die Energiedichte des Lichtbogens gemessen. Durch Anwendung der geteilten kalorimetrischen Messung am Brenner gelang es, die Wärmeflüsse im Brennerkühlkreislauf und in der Gasdüse getrennt voneinander zu betrachten. Dabei wurde gezeigt, dass die Gasdüse bei kleinen Elektrodendurchmessern stark thermisch belastet wird, was vor allem auf die hohe Elektrodentemperatur zurückzuführen ist. Für den Wärmeeintrag in den Brennerkühlkreislauf ist die Querschnittsfläche des Stromkabels im Schlauchpaket bzw. dessen Widerstandserwärmung entscheidend. Mit zunehmender Stromstärke steigt der Wärmeeintrag, sowohl in die Gasdüse als auch in den Brennerkühlkreislauf, progressiv an.

Anhand von Verschleißbildern der Kathodenspitze wurde nachgewiesen, dass die Kathodenstromdichte von der Elektrodengeometrie und dem Elektrodenwerkstoff abhängig ist. Elektrodengeometrien und Elektrodenwerkstoffe, die eine hohe durchschnittliche Kathodenstromdichte erzeugen, führen zu einem verstärkten Verschleiß der Elektrode.

Für zunehmende Plateaudurchmesser sowie für abnehmende Elektrodendurchmesser wurde gezeigt, dass das Staudruckmaximum des Lichtbogens infolge der verringerten durchschnittlichen Kathodenstromdichte abnimmt. Bei reinen Wolframelektroden wurden höhere Staudruckmaxima im Vergleich zu dotierten Elektrodenwerkstoffen nachgewiesen, wobei jedoch die insgesamt auf die Werkstückoberfläche ausgeübte Kraft des Lichtbogens für alle Elektrodenwerkstoffe gleich ist. Mit Hilfe der hier entwickelten Staudruckmessung in einem Raster konnte der Einfluss der Brennerneigung auf die Staudruckverteilung dreidimensional dargestellt werden.

Die hier entwickelte Sauerstoffkonzentrationsmessung an der Werkstückoberfläche ermöglicht erstmals eine Quantifizierung der Gasabdeckung in Abhängigkeit von der Brennergeometrie sowie den Prozessparametern bei brennenden Lichtbogen. Mit Hilfe der Sauerstoffkonzentrationsmessungen wurde ein entscheidender Einfluss von Gasverteilergeometrie, Gasdüsendurchmesser, Brennerneigung und Stromstärke auf die Kontamination der Schutzgasabdeckung nachgewiesen: Gasverteiler mit einer geringen Anzahl von radialen Bohrungen erzeugen bei variierender Gasmenge abweichende Gasabdeckungen. Bei geneigter Brennerführung wird eine asymmetrische Sauerstoffkonzentrationsverteilung in der Schutzgasabdeckung ausgebildet. Mit zunehmender Stromstärke verringert sich die Sauerstoffkonzentration und damit die Kontamination der Schutzgasabdeckung unterhalb der Gasdüse.

Die Stromdichte an der Werkstückoberfläche wurde mit dem Verfahren der geteilten Anode gemessen und deren Verteilung mit dem in dieser Arbeit entwickelten Auswertungsalgorithmus zur Lösung des Abelschen Integrals bestimmt. Elektrodengeometrien und Elektrodenwerkstoffe, die hohe Kathodenstromdichten verursachen, zeigen hohe Stromdichtemaxima. Zur Bestimmung des Gesamtwärmeeintrags in die Werkstückoberfläche wurden kalorimetrische Messungen angewendet, wobei eine Abhängigkeit zwischen Gesamtwärmeeintrag, Staudruck des Lichtbogens und dessen Lichtbogenspannung nachgewiesen wurde.

Anhand des Wärmeeintrages in den Brenner und in die Werkstückoberfläche wurde gezeigt, dass sowohl die Schweißparameter als auch die Brennerkonstruktion die Energiebilanz des WIG-Verfahrens entscheidend beeinflussen. In einer Zusammenstellung von Kathodenstromdichte, Staudruck und Stromdichte an der Werkstückoberfläche konnte deren Bedeutung für das Schweißergebnis abgeleitet werden.

Des Weiteren konnte anhand von Staudruck- und Stromdichtemessungen an der Werkstückoberfläche gezeigt werden, dass die Lichtbogeneigenschaften durch externe Einflüsse, wie Gasströmungen oder Magnetfelder veränderbar sind. Anhand der Ergebnisse zum Wärmeeintrag in den Brenner wurde ein Lösungsansatz zur Steigerung der Belastbarkeit von luftgekühlten Brennern entwickelt, der auf einer Kühlung durch Drallströmung beruht. Zudem wurde ein neues WIG-Brennerkonzept zur Erhöhung der Energiedichte an der Werkstückoberfläche entwickelt, das auf einer Steigerung der Kathodenstromdichte durch extreme Kühlung der Kathode basiert. Dieses Brennerkonzept wurde als Patent angemeldet und wird bereits kommerziell angewendet.

Die in dieser Arbeit entwickelten und optimierten Messmethoden zur Beurteilung der Brennereigenschaften schaffen die wissenschaftliche Basis zur gezielten Beeinflussung von Lichtbogen und Brennerverhalten durch eine Veränderung der Brennerkonstruktionsmerkmale sowie zur Validierung und Weiterentwicklung von Simulationsmodellen.

Literaturverzeichnis

[1] *Konzept. Technik. Leistung; SKS Welding System.*

[2] *Magnetic Arc Control Product Brochure; AP Automation.*

[3] *Precision WIG/TIG Schweißbrenner; TBI Industries GmbH..*

[4] *Schutzgase für Aluminium; AIR LIQUIDE.*

[5] *TBI WIG/ TIG AUT; TBI Industries GmbH..*

[6] *WIG Produktkatalog 1.0/V1; Abicor Binzel GmbH..*

[7] *Wolfram Inertgasschweißen, Abicor Binzel GmbH.; 09.2008.*

[8] *US 2,475,183 A: Apparatus for stabilizing the electric welding arc*; 05.07.1949.

[9] *US 5,892,199: GTA Welding*; 06.04.1999.

[10] *DIN EN 60974-7: Lichtbogenschweißeinrichtungen, Teil 7: Brenner*; *Berlin Beuth Verlag*; 10.2000.

[11] *DE 4314097 C2: Lichtbogenschweiß- oder -schneidbrenner*; 12.09.1996.

[12] *DE 10144036 C1: Brenner zum Schweißen und/oder Schneiden*; 13.03.2003.

[13] *US 3,261,961 A: Apparatus for arc welding and similar processes*; 19.07.1966.

[14] *DIN 8528: Schweißbarkeit*; *Berlin Beuth Verlag*; 1973.

[15] *US 4,103,143: Electrodes for tungsten inert gas welding*; 1978.

[16] *ISO 857-1: Begriffe - Teil 1: Metallschweißprozesse*; *Berlin Beuth Verlag*; 2002.

[17] *DIN EN ISO 6848 : Lichtbogenschweißen und -schneiden - Wolframelektrode - Einteilung*; *Berlin Beuth Verlag*; Januar 2005.

[18] *SFI Aktuel: GSI mbH.*; DVS Verlag; 2005.

[19] *DIN 8514: Lötbarkeit*; *Berlin Beuth Verlag*; 2006.

[20] *DE 4314099 A1: Lichtbogenschweiß- oder - schneidbrenner sowie Elektrodenhalter hierfür*; 20.10.1994.

[21] *US 2,702,846: Noble monatomic gas shielded magnetic field controlled electric arc welding process and apparatus*; 22.02.1955.

[22] *EP 1520650 A1: System for cooling a liquid-cooled welding device*; 23.08.2004.

[23] *US 4,543,461: Gas schielded arc torch and collet assembly*; 24.09.1985.

[24] *AT 406243 B: Gerät mit einem Plasmaerzeuger*; 27.03.2000.

[25] *AT 407022 B: Plasma- Schweissbrenner*; 27.11.2000.

[26] *DE 19828633 B4: Lichtbogenschweiß- oder -schneidbrenner sowie Kühlsystem, Plasmadüse bzw. WIG-Elektrodenspannzange, Spannsystem für Plasmaelektrodennadeln u. verfahrensübergreifendes Konstruktionsprinzip hierfür*; 29.07.2004.

[27] *DE 19642774 A1: WIG-Schweißbrenner*; 30.04.1997.

[28] S. M. Aithal, V. V. Subramaniam et al.: *Numerical model of a transferred plasma arc*; *J. Appl. Phys.*; 84, S. 3506–3517; 1998.

[29] E. Albers und G. Fussmann: *Profilmessungen an Plasmen mit Hilfe von Bernsteinpolynomen bei der Lösung der Abelschen Integralgleichung*; *Zeitschrift für Physik*; 268, S. 97–102; 1974.

[30] C. J. Allum: *Gas flow in the column of a TIG welding arc*; *J. Phys. D: Appl. Phys*; 14, S. 1041–1059; 1981.

[31] C. J. Allum: *Power dissipation in the colum of a TIG welding arc*; *J. Phys. D: Appl. Phys.*; 16, S. 2149–2165; 1983.

[32] J. Aubreton, M. F. Elchinger et al.: *Two-temperature transport coefficients in argon helium thermal plasmas*; *J. Phys. D: Appl. Phys.*; 37, S. 34–41; 2004.

[33] V. V. Avilov, I. Decker et al.: *Study of a Laser-enhanced welding arc using advanced split anode technique*; in *XXI. International Conference on Phenomena in Ionized Gases*; 1993.

[34] Bachelis: *Calculation of the deflection of a welding arc in a cosntant transverse magnetic field*; *Welding Production*; (7), S. 8–10; 1963.

[35] A. J. Baker und D. M. Benenson: *Effects of forced convection upon the characteristics of a steady-state cross- flow arc in the presence of an applied transverse magnetic field*; *Proceedings of the IEEE*; 59, S. 450–457; 1971.

[36] I. P. Banegas: *Influence of constructive materials, geometry and other variables on the heat flow and output power of an air-cooled GTAW torch*; Diplomarbeit; IOF, TU Dresden; 2006.

[37] B. Bemis und G. Settles: *Visualization of liquid metal, arc, and jet interections in plasma cutting of steel sheet*; in *8th. International Symposium on Flow Visualization*; 1998.

[38] D. Böhme: *Plasma-Verbindungsschweißen von Baustahl; Erweiterung des Anwendungsgebietes durch Verbesserung der Technologie des Verfahrens*; Dissertation; Rheinisch-Westfälischen Technischen Unviversität Aachen; 1975.

[39] T. Burleiht und T. W. Eagar: *Measurement of the force exerted by a welding arc*; *Metallurgical Transactions A*; 14A, S. 1223–1224; 1983.

[40] A. Capetti und E. Pfender: *Probe measurements in argon plasma jets operated in ambient argon*; *Plasma Chemistry and Plasma Processing*; 9, S. 329–341; 1989.

[41] J. F. Coudert, C. Delalondre et al.: *Modeling and experimental study of a transferred arc stabilized with argon and flowing in a controlled-atmosphere chamber filled with argon at atmospheric pressure*; *Plasma Chemistry ans plasma Processing*; 13, S. 399–432; 1993.

[42] S. Coulombe und J-L. Meunier: *Thermo-field emission: a comparative study*; *J. Phys. D: Appl. Phys*; 30, S. 776–780; 1997.

[43] L E Cram: *A model of the cathode of a thermionic arc*; *J. Phys. D: Appl. Phys.*; 16(9), S. 1643–1650; 1983.

[44] H. Cui, I. Decker et al.: *Laserinduziertes Fokussieren des WIG-Lichtbogens*; *DVS-Berichte*; 146, S. 139–143; 1992.

[45] I. Decker, J. Wendelstorf und H. Wohlfahrt: *Laserstrahl-WIG-Schweißen von Aluminiumlegierungen*; *DVS-Berichte*; 170, S. 96–99; 1995.

[46] R. S. Devoto: *Tranport coefficients of ionized argon*; *The Physics of Fluids*; 16, S. 616–623; 1975.

[47] A. H. Dilawari, J. Szekely et al.: *The temperature profiles in an argon plasma issuing into an argon atmosphere: A comparison of measurements and predictions*; *Plasma Chemistry and Plasma Processing*; 10, S. 321–337; 1990.

[48] U. Dilthey: *Beitrag zur Lichtbogensteuerung durch transversale Zusatzmagnetfelder bei mechanisierten Lichtbogenschweissverfahren*; Dissertation; Rheinisch-Westfälischen Technischen Hochschule Aachen; 1972.

[49] U. Dilthey: *Schweißtechnische Fertigungsverfahren 2: Verhalten der Werkstoffen beim Schweißen*; Springer-Verlag Berlin Heidelberg; 2005.

[50] U. Dilthey: *Schweißtechnische Fertigungsverfahren 1 Schweiß- und Schneidtechnologien*; Springer-Verlag Berlin Heidelberg; 2006.

[51] H. A. Dinulescu und E. pfender: *Analysis of the anode boundary layer of high intensity arcs*; *J. Appl. Phys.*; 51(6), S. 3149–3157; 1980.

[52] J. Dudda: *Einfluss der geometrischen Parameter des Brenners auf die thermische Belastung der Brennerkomponenten und die Verunreinigung des Prozessgases beim WIG Schweißen*; *Belegarbeit; IOF, TU Dresden*; 2008.

[53] A. Durgutlu: *Experimental investigation of the effect of hydrogen in argon as a shielding gas on TIG welding of austenitic stainless steel*; *Materials & Desing*; 25, S. 19–23; 2004.

[54] S. Dushman: *Electron emission from metals as a function of temperature*; *Phys. Rev. 21.623*; 21(6), S. 623–636; 1923.

[55] L. Ebert: *Optimierung der Schweißraucherfassung an Brennerintegrierten Absauganlagen*; Techn. Ber.; Institut für Fertigungstechnik / Schweißtechnik, TU Chemnitz; 2007.

[56] G. M. Ecer: *Magnetic deflection of the pulsed current welding arc*; *Welding Journal*; 58(6), S. 183–191; 1980.

[57] V . Erofeev und R. L ogvin: *Modelling the distribution of the heat flow and arc pressure in orbital TIG welding*; *Welding International*; 20, S. 53–58; 2006.

[58] D. L. Evans und R. S. Tankin: *Measurement of emission and absorption of radiation by an argon plasma*; *Physics of Fluids*; 10(6), S. 1137–1144; 1967.

[59] P. Fauchais und J. F. Coudert: *Mesures de température dans les plasmas thermiques*; *rev Cén Therm*; 35, S. 324–337; 1996.

[60] U. Füssel, J. Fuentes-Muñoz et al.: *Influence of flow regime, duty cycle and atmospheric temperature on heat flow and output power of air-cooled GTAW torches*; in *International Doctoral Seminar Smolenice*; 2007.

[61] U. Füssel, J. Zähr und G. Mayer: *Fügen von Kupferwerkstofen - Einführung und Überblick*; in *Fügen von Kupferwerkstoffen Anwendung und Optimierung*; 2009.

[62] J. Fuentes-Muñoz, U. Füssel et al.: *Lichtbogendiagnostik an der Werkstoffoberfläche*; in *Große Schweißtechische Tagung: Studentenkongress*; 2008.

[63] J. Fuentes-Muñoz, U. Füssel und M. Schnick: *Experimental possibilities of gas tungsten arc analysis*; *Welding and Cutting*; 5, S. 282–287; 2007.

[64] J. Fuentes-Muñoz, U. Füssel und J. Zschetzsche: *Optimierung von Schweißbrenner zum Wolfram-Schutzgasschweißen durch Sauerstoffmessungen*; in *XXIX Assistentenseminar Füge- und Schweißtechnik in Tangemünde*; 2007.

[65] J. Fuentes-Muñoz, J. Zschetzsche et al.: *DE 102007031534 A1: Wolfram-Inertgas-Schweißbrenner*; 28.06.2007.

[66] J. Fuentes-Muñoz, J. Zschetzsche et al.: *EP 2 008 750 A1: Wolfram-Inertgas-Schweißbrenner*; 31.12.2008.

[67] G. N. Haddad und A. J. D. Farmer: *Temperature determinations in a free-burning arc: Experimental techniques and results in argon*; *J. Phys. D: Appl. Phys.*; 17, S. 1189–1196.; 1984.

[68] J. Haidar und A. Farmer: *Surface temperature measurements for tungsten-based cathodes of high-current free-burning arcs*; *J. Phys. D: Appl. Phys.*; 28, S. 2089–2094; 1995.

[69] J. Haidar und A. J. D. Farmer: *A method for the measurement of the cathode surface temperature for a high-current free-burning arc*; *Review of Scientific Instruments*; 64(2), S. 542–547; 1993.

[70] J Haidar und A J D Farmer: *Temperature measurements for high-current free-burning arcs in nitrogen*; *J. Phys. D: Appl. Phys.*; 26(8), S. 1224–1229; 1993.

[71] J Haidar und A J D Farmer: *Large effect of cathode shape on plasma temperature in high-current free-burning arcs*; *J. Phys. D: Appl. Phys.*; 27(3), S. 555–560; 1994.

[72] A. Heinitz: *Implementierung des Abelschen Integrals zur Berechnung der Strom- und Wärmeverteilung des Lichtbogens beim Wolfram-Schutzgas-Schweißen*; *Belegarbeit; IOF, TU Dresden*; 2008.

[73] E. Hering, R. Martin und M. Stohrer: *Physik für Ingenieure*; Springer-Verlag Berlin Heidelberg; 2007.

[74] R. V. Hughes und R. P. Walduck: *Electromagnetic arc path control in robot plasma welding*; *International Journal of Advanced manufacturing technology*; 1, S. 9–25; 1985.

[75] J. Huhn: *Lehrveranstaltung technische Thermodynamik (Teil Wärmeübertragung)*; Technische Universität Dresden; 2004.

[76] T. Iwao, H. Miyazaki et al.: *Proposal of treatment for hazardous wastes using the highly concentrated radiation from torch plasma*; *ISIJ International*; 40, S. 275–279; 2000.

[77] T. Iwao, H. Miyazaki et al.: *Radiation power emitted from Ar torch short plasma as a function of in-put power in several kW*; *Vacuum*; 59(1), S. 88 – 97; 2000.

[78] T. Iwao, H. Miyazaki und T. Inaba: *Radiation power emitted from Ar torch short plasma as a function of input power*; *Power Engineering Society Summer Meeting, 2000. IEEE*; 4, S. 1970–1974 vol. 4; 2000.

[79] T. Iwao, H. Miyazaki und T. Inaba: *Radiation characteristics as a function of the gas flow rate emitted from argon torch plasma arc discharge*; *Electrical Engineering in Japan*; 139, S. 1–8; 2002.

[80] G. Janzen: *Plasmatechnik*; Hüting Buch Verlag Heidelberg; 1992.

[81] Y. H. Kang und S. J. Na: *Study on the modeling of magnetic arc deflection and dynamic analysis of arc sensor*; *Welding Journal*; 81, S. 8–13; 2002.

[82] Y. H. Kang und S. J. Na: *Characteristic of welding and arc signal in narrow groover gas metal arc welding using electromagnetic arc oscillation*; *Welding Journal*; 82, S. 93–99; 2003.

[83] M. Karasik: *Drive motion and instability of an atmospheric pressure arc*; Dissertation; Princeton University; 2000.

[84] M. Karasik, A. L. Roquemore und S. J. Zweben: *Experiment and modelling of an atmospheric pressure arc in an applied oscillating magnetic field*; *Physics of plasmas*; 7, S. 2715–2727; 2000.

[85] W. H. Kegel: *Plasmaphysik Eine Einführung*; Springer-Verlag Berlin Heidelberg; 1998.

[86] M. Kelkar und J. Heberlein: *Physics of an arc in cross flow*; *J. Phys. D: Appl. Phys.*; 33, S. 2172–2182; 2000.

[87] E. W. Kim, C. Allemand und T. W. Eagar: *Visible light emissions during Gas Tungsten Arc Welding and its application to weld image improvement*; *Welding Journal*; S. 369–377; 1987.

[88] F. Könemann: *Emissionspektroskopie im kathodennahen Bereich eines Lichtbogens*; Dissertation; Universität Hannover; 2000.

[89] N. Knopp und R. Killing: *Lichtbogenlöten - Innovativ, sicher und wirtschaftlich*; *EWM Hightec Welding GmbH*; 2002.

[90] S. H. Ko, S. K. Choi und C. D. Yoo: *Effects of surface depression on pool convection and geometry in stationary GTAW*; *Welding Journal*; 80, S. 39–45; 2001.

[91] Kovalev: *Some Methods of stabilising unstable arcs when using a non- consumable cathode*; *Welding Production*; 20, S. 5–7; 1973.

[92] J. F. Lancaster: *The Physics of Welding*; Pergamon Press; 1984.

[93] J. F. Lancaster: *Metallurgy of Welding*; Abington Publishing; 1999.

[94] J. Lawton und P. J Mayo: *The effect of secondary gas flow on the distribution of energy transfer from plasma torches*; *J. Phys. D: Appl. Phys.*; 5, S. 79–88; 1972.

[95] M. L. Lin und T. W. Eagar: *Pressures Produced by Gas Tungsten Arcs*; *Metallurgical Transactions B*; 17B, S. 601–607; 1986.

[96] J. J. Lowke, P. Kovitya und H. Schmidt: *Theory of free-burning arc columns including the influence of the cathode*; *J. Phys. D: Appl. Phys.*; 25, S. 1600–1606; 1992.

[97] J. J. Lowke, R Morrow et al.: *Prediction of Gas Tungsten Arc Welding properties in mixtures of argon and hydrogen*; *IEEE Transactions on Plasma Science*; 25, S. 925–930; 1997.

[98] J. J. Lowke, R. Morrow und J. Haidar: *A simplified unified theory of arcs and their electrodes*; *J. Phys. D: Appl. Phys.*; 30, S. 2033–2042; 1997.

[99] S. Lu, H. Fujii et al.: *Effects of oxygen additions to argon shielding gas on GTA weld shape*; *ISIJ International*; 43, S. 1590–1595; 2003.

[100] S. Lu, H. Fujii und K. Nogi: *Sensitivity of marangoni convection and weld shape variations to welding parameters in O2- Ar shielded GTA Welding*; *Scripta Materialia*; 51(3), S. 271–277; 2004.

[101] S. Lu, H. Fujii und K. Nogi: *Effects of CO2 shielding gas additions and welding speed on GTA weld shape*; *Journal of Materials Science*; 40(9-10), S. 2481–2485; 2005.

[102] H. Maecker: *Plasmaströmungen in Lichtbögen infolge eigenmagnetische Kompresion.*; *Zeitschrift für Physik*; 141, S. 198–215; 1955.

[103] H. Maecker: *Physik des Plasma*; *Chemie Ingenieur Technik - CIT*; 42, S. 629–632; 1970.

[104] H. Maecker und H. Stablein: *Whats keps an arc standing in a cross flow*; *IEEE Transactions on Plasma Science*; 14, S. 291–299; 1986.

[105] K. Masubuchi: *A hollow electrode GTAW system developed and tested for space applications*; *Welding Journal*; 78, S. 36–38; 1999.

[106] F. Matsuda, M. Ushio und A. A. Sadek: *Roles and behaviors of rare earth metal oxides during the operation of tungsten doped electrodes*; *Transactions of the Japan Welding Society*; 21(2), S. 75–84; 1990.

[107] K.-J. Matthes und E. Richter: *Schweißtechnik : Schweißen von metallischen Konstruktionswerkstoffen*; Fachbuchverlag Leipzig im Carl Hanser Verlag; 2006.

[108] P. F. Mendez und T. W. Eagar: *Penetration and defect formation in high-current arc welding*; *Welding Journal*; 82(10), S. 296–306; 2003.

[109] J. C. Metcalfe und M. B. Quigley: *Heat transfer in plasma-arc welding*; *Welding Journal*; 54, S. 99–103; 1975.

[110] J. Mirapeix, A. Cobo et al.: *Spectroscopic analysis of the plasma continuum radiation for on-line arc-welding defect detection*; *J. Phys. D: Appl. Phys.*; 41(13), S. 135202 (8pp); 2008.

[111] P. J. Modenesi, E. R. Apolinario und I. M. Pereira: *TIG welding with single-component fluxes*; *Journal of Materials Processing Technology*; 99, S. 260–265; 2000.

[112] D. Mook: *An algorithm for the numerical evaluation of the hankel and abel transforms*; *IEEE Transactions on Acoustics, Speech, and Signal Processing*; 31, S. 979–975; 1983.

[113] R. Morrow und J. J. Lowke: *A one-dimensional theory for the electrode sheaths of electric arcs*; *J. Phys. D: Appl. Phys.*; 26(4), S. 634–642; 1993.

[114] A. B. Murphy: *Transport coefficients of helium and argon helium plasmas*; *IEEE Transactions on Plasma Science*; 25, S. 809–814; 1997.

[115] A. B. Murphy: *Thermal plasmas in gas mixtures*; *J. Phys. D: Appl. Phys.*; 34, S. 151–173; 2001.

[116] A. B. Murphy und C. J. Arundell: *Transport coefficients of argon, nitrogen, oxygen, argon-nitrogen, and argon-oxygen plasmas*; *Plasma Chemistry and Plasma Processing,*; 14, S. 451–490; 1994.

[117] A. B. Murphy und A. J. Farmer: *Temperature measurement in thermal plasmas by Rayleigh scattering*; *J. Phys. D: Appl. Phys.*; 25, S. 634–643; 1992.

[118] O. Nestor und H. Olsen: *Numerical methods for reducing line and surface probe data*; *SIAM Review*; 2, S. 200–207; 1960.

[119] O. H. Nestor: *Heat intensity and current density distributions at the anode of high current, inert gas arcs*; *J Appl. Phys.*; 33(5), S. 1638–1648; 1961.

[120] M. Olesch: *Magnetische Lichtbogenablenkung zur Kompensation von Blaswirkung*; *Großer Beleg; IOF, TU Dresden*; 2008.

[121] M. Olesch, J. Fuentes-Muñoz et al.: *Messtechnische Quantifizierung magnetischer Lichtbogenablenkung*; in *Große Schweißtechische Tagung: Studentenkongress*; 2008.

[122] T. Otani: *Titanium welding technology*; Techn. Ber. 95; Nippon Steel; 2007.

[123] S. W. Pierce, P. Burgardt und D. L. Olson: *Thermocapillary and arc phenomena in stainless steel welding*; *Welding Journal*; S. 45–52; 1999.

[124] R. Piessens und P. Verbaeten: *Numerical solution of the abel integral equation*; *BIT*; 13, S. 451–457; 1973.

[125] Y. Postnikov: *Erarbeitung eines Modells zur Entwicklung und Optimierung von Lichtbogenschweißbrennern*; Dissertation; Otto-von-Guericke Universität Magdeburg; 2004.

[126] G. Pretzler: *A new method for numerical abel-inversion*; *Z. Naturforsch.*; 46a, S. 639–641; 1991.

[127] G. Pretzler: *Comparison of different methods of abel inversion using computer simulated and experimental side-on data*; *Z. Naturforsch.*; 47a, S. 955; 1992.

[128] M. B. C. Quigley, P. H Richads et al.: *Heat flow to the workpiece from a TIG welding arc*; *J. Phys. D: Appl. Phys*; 6, S. 2250–2258; 1973.

[129] S. Ramakrishnan und B. Nuon: *Prediction of properties of free burning welding arc columns*; *J. Phys. D: Appl. Phys.*; 13(10), S. 1845–1853; 1980.

[130] U. Reisgen, U. Dilthey und D. Kampffmeyer: *Der Einfluss von Gasschläuchen bei Lichtbogenschweißen*; in *Große Schweißtechnische Tagung: Die Verbindungsspezialisten*; 2008.

[131] U. Reisgen, L. Stein et al.: *Einfluss von Gasschläuchen auf die Fuechte-, Wasserstoff- und Sauerstoffproblematik in Schutzgasschweissprozessen*; *Der Praktiker*; 3, S. 114–117; 2010.

[132] B. Rethfeld, J. Wendelstorf et al.: *A self-consistent model for the cathode fall region of an electric arc*; *J. Phys. D: Appl. Phys.*; 29, S. 121–128; 1996.

[133] O. W. Richardson: *Thermionic phenomena and the laws which govern them*; *Nobel Lecture*; 1929.

[134] W. Rieder: *Plasma und Lichtbogen*; Vieweg; 1967.

[135] R. Rompe, W. Thouret und W. Weizel: *Zur Frage der Stabilisierung frei brennender Lichtbögen*; *Zeitschrift für Physik A Hadrons and Nuclei*; 122(1-4), S. 1–22; Januar 1944.

[136] S. Rose: *Gasgekühlter WIG-Brenner*; *Belegarbeit; IOF, TU Dresden*; 2005.

[137] H. R. Saedi: *Transient response of plasma arc and weld pool geometry for GTAW process*; Dissertation; Massachusetts Institute of Tecnology; 1986.

[138] N. Sanders, K. Etemadi et al.: *Studies of the anode region of a high-intensity argon arc*; *J. Appl. Phys.*; 53, S. 4136–4144; 1982.

[139] N. A. Sanders und E. Pfender: *Measurement of anode falls and anode heat transfer in atmospheric pressure high intensity arcs*; *J. Appl. Phys*; 55, S. 714–22; 1984.

[140] M. Schellhase: *Der Schweißlichtbogen- ein technologisches Werkzeug*; VEB Verlag Technik Berlin; 1985.

[141] M. Schnick, U. Füssel et al.: *Physikalische Beschreibung von Plasmalichtbögen und deren Wechselwirkungen mit dem Schmelzbad*; in *Große Schweißtechnische Tagung: Die Verbindungsspezialisten*; 2008.

[142] H. Schuster, V. Krink et al.: *WSG-Schweißen mit hohen Stromstärken, Brenner und Anwendungen*; in *Dresdner Fügetechnisches Kolloquium*; 2009.

[143] N. Sebald: *Measurement of the temperature and flow fields of the magnetically stabilized cross- flow N2 arc*; *J. Appl. Phys.*; 21, S. 221–236; 1980.

[144] D. B. Serdyuk und A. N. Kornienko: *The welding arc in an alternating transverse magnetic field*; *Automatic Welding*; 16, S. 7–13; 1963.

[145] G. B. Serdyuk: *Calculations for welding arcs in transverse magnetic fields*; *Automatic Welding*; 11, S. 26–34; 1960.

[146] F. Simonot: *Verschleiß von Wolframelektroden beim WSG-Schweißen unter realen Schweißbedingungen*; *Großer Beleg; IOF, TU Dresden*; 2009.

[147] E. Sonderstrom und P. Mendez: *Humping mechanisms present in high speed welding*; *Science and Technology of Welding and Joining*; 11, S. 572–579; 2006.

[148] G. C. Soulas und R. M. Myers: *Mechanisms of anode power deposition in a low pressure free burning arc*; *IEEE transactions on plasma science*; 24, S. 478–486; 1996.

[149] M. Speiseder und A. Lang: *Optimierung des MIG-Schweißprozesses mit Hilfe der numerischen Simulation und PIV -Messungen*; in *Dresdner Fügetechnisches Kolloquium, TU Dresden*; 2006.

[150] V. Tammi: *Temperaturmessungen zur optimalen Gestaltung von Schweißbrennern*; *Werkstatt und Betrieb*; 12, S. 709–714; 1986.

[151] M. Tanaka, H. Terasaki et al.: *A unified numerical modeling of stationary Tungsten-Inert-Gas welding process*; *Metallurgical and Materials Transactions A*; 33A, S. 2043–2052; 2002.

[152] M. Tanaka und M. Ushio: *Observations of the anode boundary layer in free-burning argon arcs*; *J. Phys. D: Appl. Phys.*; 32, S. 906–912; 1999.

[153] M. Tanaka und M. Ushio: *Plasma state in free-burning argon arc and its effect on anode heat transfer*; *J. Phys. D: Appl. Phys.*; 32, S. 1153–1162; 1999.

[154] M. Tanaka, K. Yamamoto et al.: *Predictions of current attachment at thermionic cathode for TIG arcs*; in *Proceedings of the 8th International Welding Symposium organized by Japan Welding Society.*; 2008.

[155] S. Tashiro, M. Tanaka et al.: *Prediction of energy source properties of free burning arcs*; *Vacuum*; 80, S. 1190–1194; 2006.

[156] H. Terasaki, M. Tanaka und M. Ushio: *Effect of anode heat transfer on melted penetration in welding process by free-burning argon arc*; *ISIJ International*; 42(9), S. 1005–1009; 2002.

[157] H. Terasaki, M. Tanaka und M. Ushio: *Effects of anode heat transfer on weld penetration in Gas Tungsten Arc Welding*; *Transactions of JWRI*; 32, S. 29–31; 2003.

[158] M. Thomsom: *Side on Messungen der Balmerlinien Ha an einen Plasma hoher Dichte*; Diplomarbeit; Christian-Albrechts-Universität; 1995.

[159] M. F. Thornton: *Spectroscopic determination of temperature distributions for a TIG arc*; *J. Phys. D: Appl. Phys.*; 26, S. 1432–1438; 1993.

[160] S. Thurner: *Erzeugung und Anwendung modulierte Prozessgasströme beim Schutzgasschweißen*; Dissertation; Technische Universität Chemnitz; 2008.

[161] J. P. Trelles: *Finite element modeling of flow instabilities in arc plasma torches*; Dissertation; University of Minnesota; 2007.

[162] N. S. Tsai und T. W. Eagar: *Distribution of the heat and current fluxes in gas tungsten arcs*; *Metallurgical Transactions B*; 16B, S. 841–846; 1985.

[163] P. Tsantrizos und W. H. Gauvin: *Cathode erosion phenomena in a transfered-arc plasma reactor*; *Plasma Chemistry and Plasma Processing*; 12, S. 17–33; 1992.

[164] C. Tseng und W. F. Savage: *The Effect of Arc Oscillation*; *Welding Journal*; 11, S. 777–786; 1971.

[165] D. T. Tuma und J. J. Lowke: *Prediction of properties of arcs stabilized by forced convention*; *J. Appl. Phys.*; 46, S. 3361–3367; 1975.

[166] M. Ushio: *Arc discharge and electrode phenomena*; *Pure & Appl. Chem*; 60(5), S. 809–814; 1988.

[167] M. Ushio, A. Sadek und F. Matsuda: *Comparison of temperature and work function measurements obtained with different GTA electrodes*; *Plasma Chemistry and Plasma Processing*; 11, S. 81–101; 1991.

[168] M. Ushio, M. Tanaka und J. J. Lowke: *Anode melting from free-burning argon arcs*; *IEEE Transactions on Plasma Science*; 32(1), S. 108–117; 2004.

[169] J. Villafuerte: *Air- and water- cooled guns for high-heat applications*; *Welding Journal*; 80(12), S. 32–35; 2001.

[170] Y. Wang, Q. Shi und H. L. Tsai: *Modeling of the effects of surface-active elements on flow patterns and weld penetration*; *Metallurgical and Materials Transactions B*; 32, S. 145–161; 2001.

[171] M. Weglowski: *Investigation on the arc light spectrum in GTA welding*; *Journal of Achievements in Materials and Manufacturing Engineering*; 20, S. 519–522; 2007.

[172] M. Weglowski: *Mesurement of arc light spectrum in the MAG welding method*; *Metrology and Mesurement Systems*; 16, S. 1–14; 2009.

[173] J. Wendelstorf: *Plasma and Laser Enhanced Arc Welding for Automatic Applications*; Techn. Ber.; Institut für Schweißtechnik, TU Braunschweig; 1993.

[174] J. Wendelstorf: *Berechnung anwendungsrelevanter Zielgrößen von thermischen Lichtbögen: Kathodenfallmodelle und deren Integration in die Lichtbogenmodellierung*; in *8te Bundesdeutsche Fachtagung Plasmatechnologie*; 1997.

[175] J. Wendelstorf: *Ab initio modelling of thermal plasma gas discharges*; Dissertation; TU Carolo-Wilhelmina zu Braunschweig; 2000.

[176] R. Westhoff und J. Szekely: *A model of fluid, heat flow, and electromagnetic phenomena in a nontransferred arc plasma torch*; *J. Appl. Phys.*; 70, S. 3455–3466; 1991.

[177] M. Zhang, W. Lu und Y. Liu: *Guided arc enhances GTAW*; *Welding Journal*; 82, S. 40–45; 2003.

[178] G. Y. Zhao, M. Dassanayake und K. Etemadi: *Numerical simulation of a free-burning argon arc with copper evaporation from the anode*; *Plasma Chemistry and Plasma Processing*; 10, S. 87–98; 1990.

[179] X . Zhou, J. Heberlein und E. Pfender: *Theoretical study of factors influencing arc erosion of cathode*; *IEEE Transactions on Components. Packing, and Manufacturing Technology*; 17, S. 107–112; 1994.

[180] X. Zhou, B. Ding und J. Heberlein: *Temperature measurement and metallurgical study of cathodes in DC arcs.*; *IEEE Transactions on Components. Packing, and Manufacturing Technology - Part A*; 19(3), S. 320–328; 1996.

[181] X. Zhou und J. Heberlein: *Characterization of the arc cathode attachment by emission spectroscopic and comparison to theoretical predictions*; *Plasma Chemistry and Plasma Processing*; 16(1), S. 229–244; 1996.

[182] X. Zhou und J. Heberlein: *An experimental investigation of factors affecting arc-cathode erosion*; *J. Phys. D: Appl. Phys.*; 31(19), S. 2577–2590; 1998.

[183] X. Zhou, J. Heberlein und E Pfender: *Model predictions of arc cathode erosion rate dependence on plasma gas and on cathode material*; in *Thirty-Ninth IEEE Holm Conference on Electrical Contacts*; 1993.

[184] P. Zhu, J. J. Lowke et al.: *Prediction of anode temperatures of free burning arcs*; *J. Phys. D: Appl. Phys.*; 28, S. 1369–1376; 1995.

[185] J. Zschetzsche: *Diagnostik von Schutzgasschweißprozessen*; Dissertation; TU Dresden; 2007.

Abbildungs- und Tabellenverzeichnis

Abbildungsverzeichnis

Tabellenverzeichnis

Anlagen

A. Spannungsstromkurven

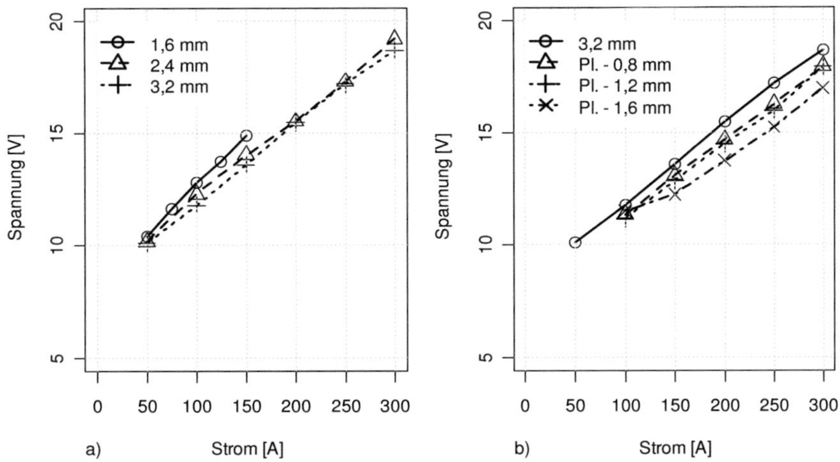

Abbildung A.1.: Veränderung der Spannung in Abhängigkeit von der Stromstärke für den Standard-Brenner SR-18; a) bei unterschiedlichen Elektrodendurchmessern; b) bei unterschiedlichen Plateaudurchmessern und einem spitze Elektrode bei einem Elektrodendurchmesser von 3,2 mm

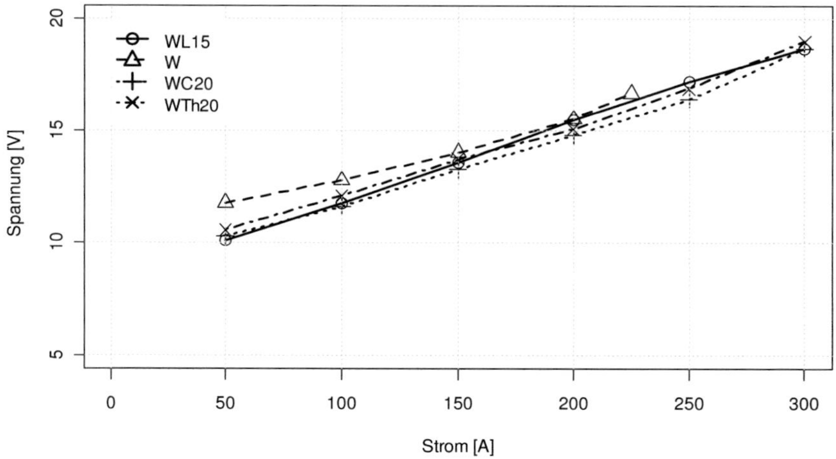

Abbildung A.2.: Veränderung der Spannung in Abhängigkeit von der Stromstärke für unterschiedliche Elektrodenwerkstoffe bei einem Elektrodendurchmesser von 3,2 mm

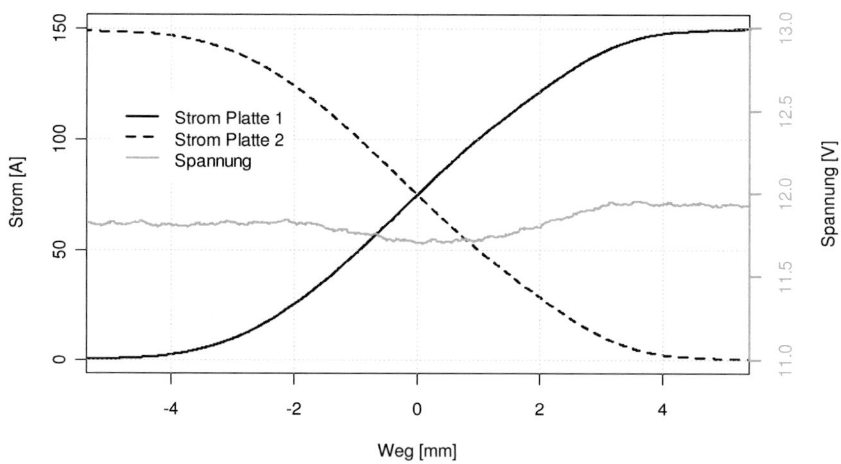

Abbildung A.3.: Strom-Spannungsverlauf der geteilten Anode

B. Wärmebilanz

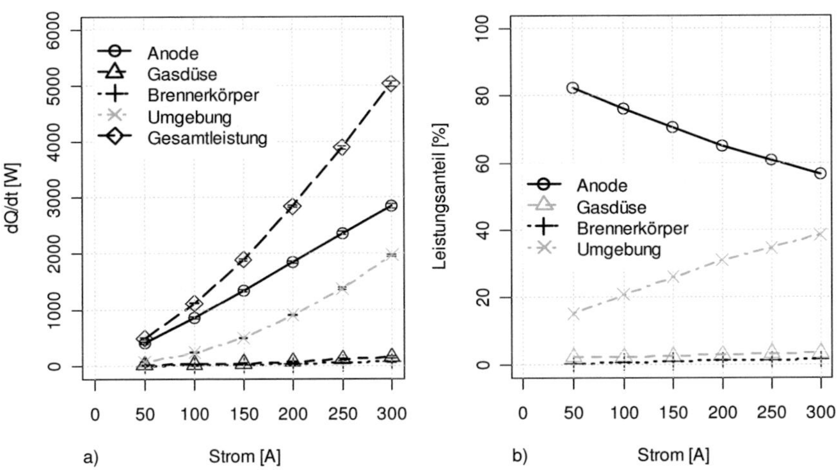

Abbildung B.1.: Energiebilanz in Abhängigkeit von der Stromstärke für den Standard-Brenner SR-18 bei einem Elektrodendurchmesser von 3,2 mm und dem Elektrodenwerkstoff WL15 mit einem Stromkabelquerschnitt im Schlauchpaket von 100 mm^2; a) absolute Energieeinträge und Gesamtleistung; b) Anteil des Energieeintrags an der Gesamtleistung

C. Verschleiß der Kathode

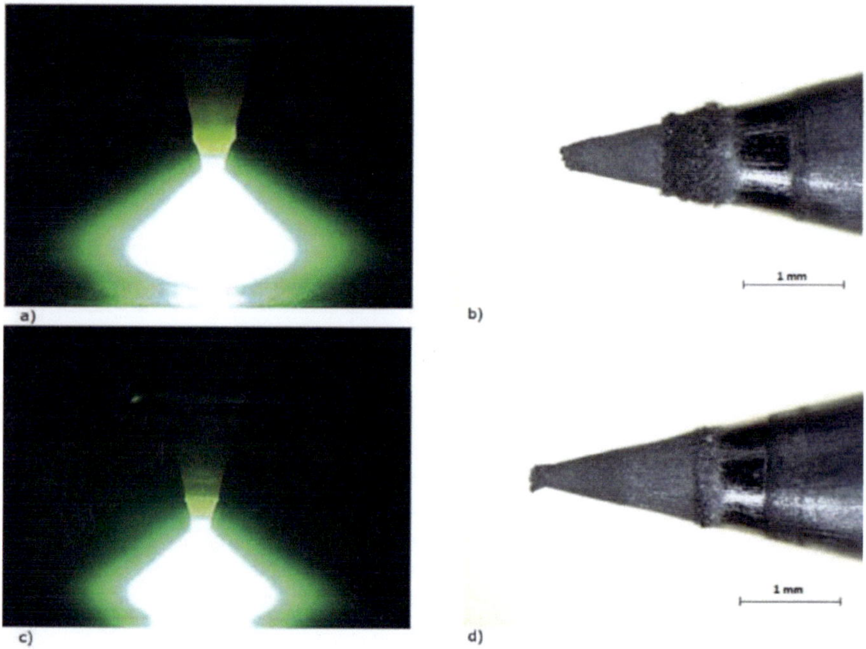

Abbildung C.1.: Verschleiß bei 150 A Schweißstrom, einem Elektrodendurchmesser von 3,2 mm und 30 min Brennzeit für unterschiedliche Elektrodenwerkstoffe: a,b) WL15; c,d) WC20; Aufnahmen von a,c) Lichtbogen und b,d) Elektrodenverschleiß

D. CFD-Simulation

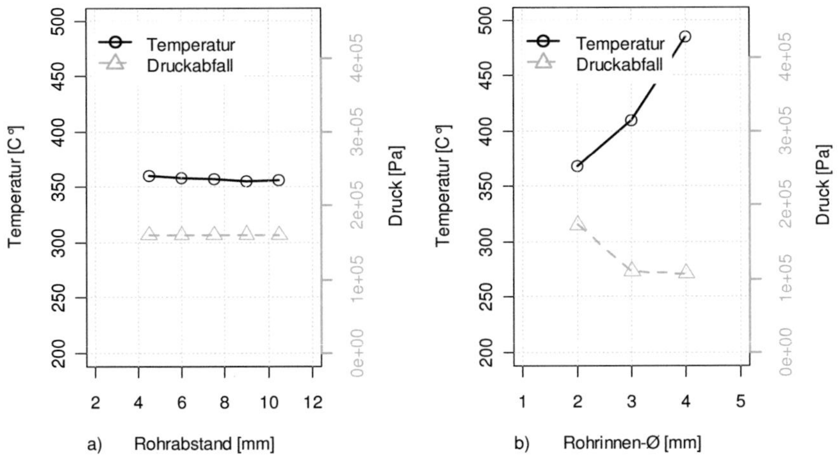

b

Abbildung D.1.: Simulierte Veränderung von Temperatur und Druck im Kühlkörper des Brenners mit erhöhter Energiedichte in Abhängigkeit von a) Rohrabstand und b) Rohrinnendurchmesser

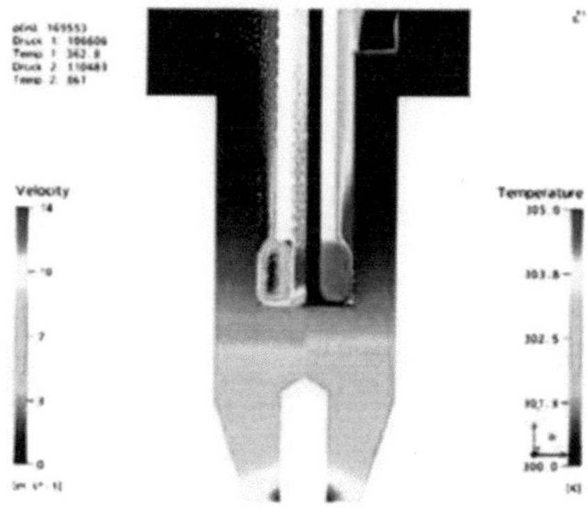

Abbildung D.2.: CFD-Simulation von Temperatur und Druck im Kühlkörper des Brenners mit erhöhter Energiedichte

E. Ergebnbsse für andere Brennerkonstruktionen

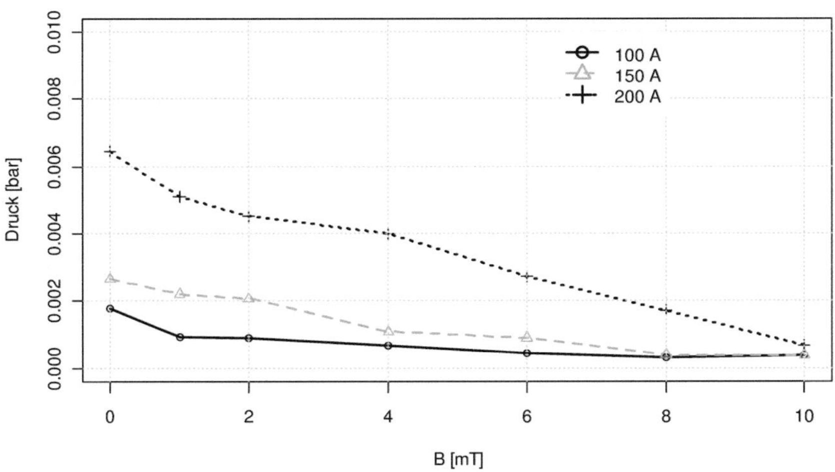

Abbildung E.1.: Staudruckmaxima in Abhängigkeit von der Magnetfeldstärke für unterschiedliche Stromstärken

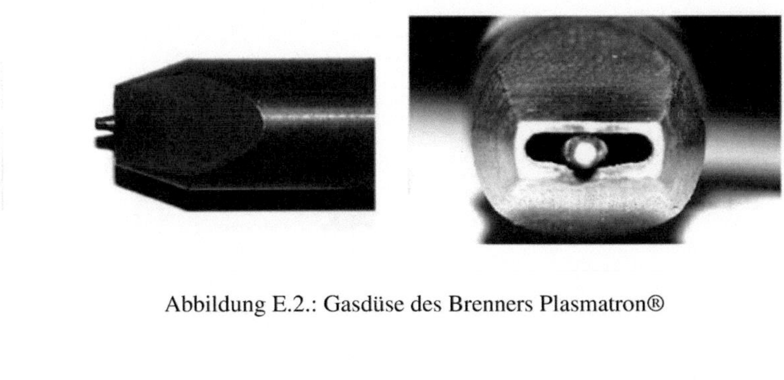

Abbildung E.2.: Gasdüse des Brenners Plasmatron®

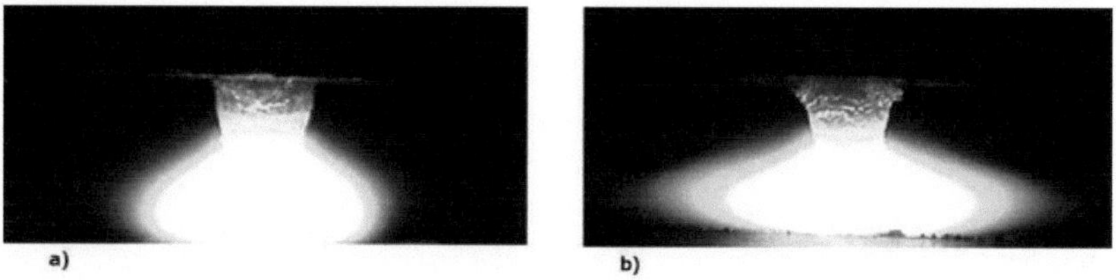

Abbildung E.3.: Gestalt des durch externe Gasströmung beinflussten Lichtbogens des Brenner Plasmatron® mit Langlochdüse in a) x-Richtung und b) y-Richtung

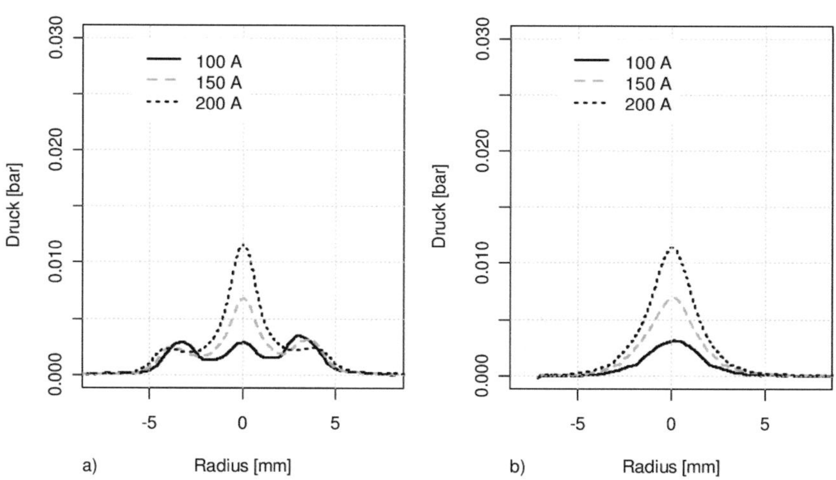

Abbildung E.4.: Staudruckverteilung des Brenners Plasmatron® für unterschiedliche Stromstärken bei einer Gasmenge von 7 $l \cdot m^{-1}$; a) Messung in x-Richtung; b) Messung in y-Richtung